高等院校艺术设计类专业
案例式规划教材

# 中文版3ds Max 2011
# 基础与应用高级案例教程

■ 主　编　刘天执　郭媛媛
■ 副主编　王　健　石春爽　沈海泳

华中科技大学出版社
http://www.hustp.com

# 内 容 提 要

　　本书主要讲解中文版 3ds Max 2011 的基础与应用。主要内容包括 3ds Max 2011 概述、创建几何体、三维修改命令、二维图形的创建和修改、高级建模、VRay 渲染器与材质参数、灯光与摄像机、实例应用。

　　本书适合普通高等院校环境设计、室内设计、建筑装饰设计等专业作为教材使用，也可作为室内外设计、施工人员参考的工具书。

**图书在版编目（CIP）数据**

中文版 3ds Max 2011 基础与应用高级案例教程 / 刘天执，郭媛媛主编 . —武汉：华中科技大学出版社，2017.9
高等院校艺术设计类专业案例式规划教材

ISBN 978-7-5680-2736-6

Ⅰ . ①中… 　Ⅱ . ①刘… 　②郭… 　Ⅲ . ①三维动画软件 - 高等学校 - 教材 　Ⅳ . ① TP391.414

中国版本图书馆CIP数据核字（2017）第076673号

## 中文版 3ds Max 2011 基础与应用高级案例教程
Zhongwenban 3ds Max 2011 Jichu yu Yingyong Gaoji Anli Jiaocheng

刘天执　郭媛媛　主编

策划编辑：　金　紫
责任编辑：　曾仁高
封面设计：　原色设计
责任校对：　何　欢
责任监印：　朱　玢
出版发行：　华中科技大学出版社（中国·武汉）　　　电话：（027）81321913
　　　　　　武汉市东湖新技术开发区华工科技园　　　邮编：430223
录　　排：　华中科技大学惠友文印中心
印　　刷：　湖北新华印务有限公司
开　　本：　880mm×1194mm　1/16
印　　张：　11
字　　数：　278 千字
版　　次：　2017 年 9 月第 1 版第 1 次印刷
定　　价：　65.00 元

# 前言
Preface

　　3ds Max 是室内外效果图制作软件之一，本书通过大量案例循序渐进地介绍了 3ds Max 2011 的各项功能，内容涵盖 3ds Max 入门知识、创建和编辑二维图形、创建基本三维模型、使用修改器、复合建模、材质和贴图、灯光和摄影机、渲染、效果图制作等。本书采用案例讲解的方法，精选大量实用的案例帮助读者将 3ds Max 三维制作的各个知识要点和应用技巧融会贯通。

　　本书由刘天执、郭媛媛担任主编，王健、石春爽、沈海泳担任副主编，张伟参与编写。具体的编写分工为：第一章，第二章第一、二节，第三章第二、三节由刘天执编写；第二章第三、四节，第三章第一节，第四章由郭媛媛编写；第五章由王健编写；第六章第一至五节由石春爽编写；第七章由沈海泳编写；第六章第六、七节，第八章由张伟编写。

　　本书结构清晰，内容丰富，语言简练，图文并茂，具有很强的实用性和可操作性，是一本适合培养应用性、技能型人才的计算机及相关专业的教学用书，也可供各类培训、计算机从业人员和爱好者参考使用。由于时间仓促，书中难免会有不足和疏漏之处，敬请读者批评指正。

编　者

2017 年 6 月

# 目录
Contents

1

# 第一章

# 3ds Max 2011 概述

章节导读

■ 认识 3ds Max 2011；

■ 3ds Max 2011 的主要应用领域；

■ 3ds Max 2011 的工作界面；

■ 3ds Max 2011 的界面布局。

## 第一节　认识 3ds Max 2011

　　3ds Max 2011 是一款三维动画制作软件，启动界面如图 1-1 所示。随着版本的不断升级，3ds Max 的功能越来越强大，应用的范围也越来越广泛。在画面表现和动画制作方面，3ds Max 丝毫不逊于 Maya、Softimage 等专业软件，而且掌握起来相对比较简单。

　　3ds Max 2011 有着简单明了的操作界面、丰富的造型功能、简洁的材质和贴图功能、便利的动画控制功能，特别适合一些初级和中级的用户使用。基于这些原因，3ds Max 的用户越来越多。如果把 3ds Max 和其他相关软件相结合使用，即使是电影特技也是可以完成的。本书将让没有接触过的用户了解 3ds Max，初级用户和中级用户的操作水平得到提高，为他们以后熟练掌握这一强大的工具打下良好的基础。

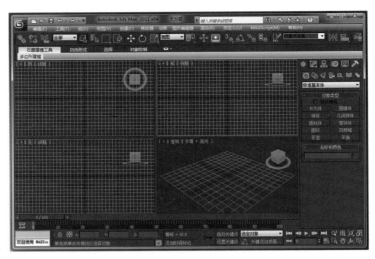

图 1-1　3ds Max 2011 启动界面

# 第二节　3ds Max 2011 的主要应用领域

作为一款性能卓越的三维动画软件，3ds Max 被广泛应用于建筑装潢、展示设计、产品设计、动漫行业、游戏行业、影视制作等诸多行业领域。

## 一、建筑装潢

在建筑设计领域中，3ds Max 占据着领导地位。使用 3ds Max 制作的建筑效果图比较精美，可以令观赏者赏心悦目，具有较高的欣赏价值。用户可以根据环境的不同，自由地设计和制作出不同类型和风格的室内外效果图，如图 1-2、图 1-3 所示。其对实际工程的施工也有着一定的指导作用。

图 1-2　室外效果

图 1-3　室内效果

## 二、展示设计

3ds Max 设计和制作的展示效果体现了设计者丰富的想象力、创造力，较高的审美观和艺术造诣。设计者可利用 3ds Max 在建模、结构布局、色彩、材质、灯光和特殊效果等制作方面对自己的作品进行自由调整，以适应不同类型场馆环境的需要，如图 1-4、图 1-5 所示。

图 1-4　场馆（一）

图 1-5　场馆（二）

### 三、产品设计

　　现代生活中，人们对于生活消费品、家用电器等的外观、结构和易用性有了更高的要求。通过使用 3ds Max 参与产品造型的设计，企业可以很直观地模拟产品的材质、造型和外观等特性，从而提高研发效率。如图 1-6、图 1-7 所示为使用 3ds Max 制作的产品效果图。

图 1-6　产品效果图（一）

图 1-7　产品效果图（二）

### 四、动漫行业

　　随着动漫产业的兴起，三维电脑动漫正逐步取代二维传统手绘动漫，而 3ds Max 是制作三维电脑动漫的一个首选软件。如图 1-8、图 1-9 所示为使用 3ds Max 制作的动漫角色和场景。

图 1-8　动漫角色

图 1-9　动漫场景

3

### 五、游戏行业

当前许多电脑游戏中加入了大量的三维动画。细腻的画面、宏伟的场景和逼真的造型，使得游戏的欣赏性和真实性大大增加。3D 游戏的玩家越来越多，3D 游戏的市场不断壮大。如图 1-10、图 1-11 所示为使用 3ds Max 制作的游戏场景和角色。

图 1-10　游戏场景　　　　　　　　　　　　图 1-11　游戏角色

### 六、影视制作

在影视制作方面，3ds Max 更是功不可没，现在大量的电影、电视剧及广告画面都有 3ds Max 制作的身影。这些引人入胜的镜头离不开视觉特效制作，而 3ds Max 凭借其鲜明、逼真的视觉效果，受到各大电影制片厂和后期制作公司的青睐。3ds Max 在影片特效制作中大显身手，在实现电影制作人奇思妙想的同时，也将观众带入了各种神奇的世界，成就多部经典作品。图 1-12、图 1-13 为使用 3ds Max 制作的《眼镜蛇的崛起》和《2012》的电影画面。

图 1-12　电影画面（一）　　　　　　　　　图 1-13　电影画面（二）

## 第三节　3ds Max 2011 的工作界面

学习一款软件要从熟悉界面开始。熟悉 3ds Max 2011 的操作界面要从 3 个方面入手：首先，要清楚界面的组成部分；其次，要了解组成界面各部分的具体功能和操作方法；最后，要能够根据需要对界面进行灵活的设置。

### 一、应用程序按钮

应用程序按钮相当于图形化的"文件"菜单，如图 1-14 所示，单击可以打开应用程序菜单。应用程序菜单中提供了文件管理的相关命令和最近使用文档的列表。

## 二、快速访问工具栏

快速访问工具栏中提供了文件管理的常用命令。

图 1-14　应用程序按钮

（新建场景）：清除场景中的内容，在打开的对话框中可以选择具体的清除对象。

（打开文件）：打开已经保存的场景文件。

（保存文件）：将当前场景中的所有信息保存为文件。

（取消场景操作）：返回到上一步。

（重做场景操作）：撤销刚才的返回操作。

## 三、信息中心

在信息中心里，可以通过网络搜索和访问有关 3ds Max 和其他 Autodesk 产品的信息，也可以直接打开 3ds Max 提供的帮助文件。

（搜索）：输入搜索主题后单击该按钮开始搜索。

（订阅中心）：Autodesk 的速博应用成员可以通过订阅中心访问速博应用服务。

（通信中心）：从 Autodesk 网站获取新闻、升级、修补程序等信息。

（收藏夹）：将网站的链接保存起来，便于今后的访问。

（快速帮助）：打开 3ds Max 自带的帮助文件。

## 四、视口的构成

在任意一个视口上单击鼠标左键或右键，视口四周会出现黄色边框，表明视口已经被激活，如图 1-15 所示。一次只能激活一个视口，只有在激活的视口才能够进行对象与视口的操作控制。

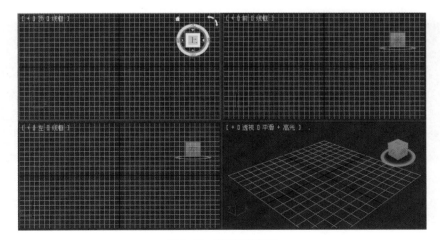

图 1-15　激活后的视口

模型在视口中可以以多种方式显示。显示方法决定了场景在视口中的显示品质，同时也会影响显示性能。较高的显示品质会给工作带来许多方便。在视口标签上单击鼠标右键，在快捷菜单中可以选择显示模式，如图 1-16 所示。

5

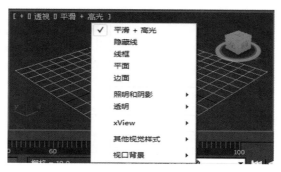

图 1-16　快捷菜单选择显示模式

【平滑＋高光】以实体着色方式显示对象和材质，通常在编辑材质和设置灯光时使用，如图 1-17 所示。

【隐藏线】以实体着色方式显示对象，同时隐藏法线没有朝向视口的面和顶点，如图 1-18 所示。

图 1-17　【平滑＋高光】显示模式

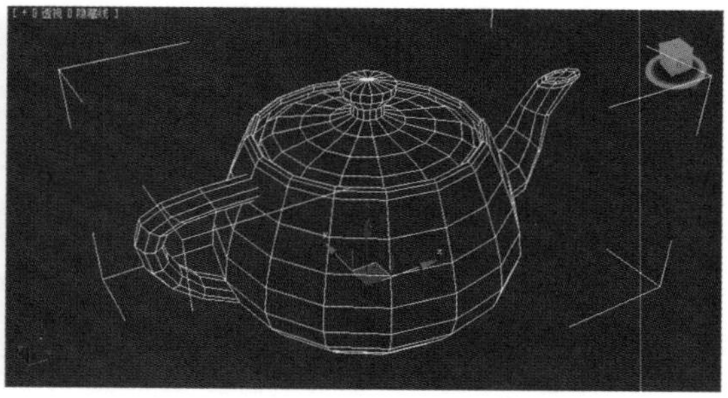

图 1-18　【隐藏线】显示模式

【线框】以线框方式显示模型的边界，如图 1-19 所示。一般在创建和编辑模型，或者需要提高显示性能时使用。

【平面】显示模型漫反射颜色的同时不考虑光源和环境光，就像单一颜色填充的卡通材质效果，如图 1-20 所示。

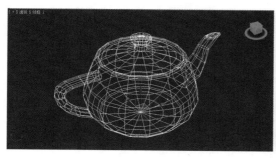

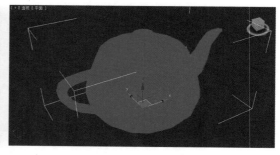

图 1-19　【线框】显示模式

图 1-20　【平面】显示模式

【平面＋边面】将 [ 平面 ]、[ 边面 ] 显示方式结合到一起，通常在编辑子对象级别时使用，如图 1-21 所示。

【小贴士】顶视图快捷键为"T"；底视图快捷键为"B"；前视图快捷键为"F"；左视图快捷键为"L"；透视图快捷键为"P"；用户视图快捷键为"U"；线框和实体的转换快捷键为"F3"。

### 五、自定义工具栏

如果需要在工具栏上添加快捷按钮，可以在工具栏的空白位置单击鼠标右键，执行"自定义"命令。进入"工具栏"选项卡，将列表中的命令拖曳到工具栏上，如图 1-22、图 1-23 所示。

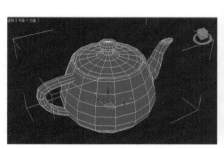

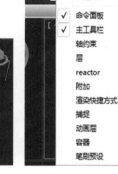

图 1-21　【平面＋边面】显示模式　　　图 1-22　自定义工具栏　　　图 1-23　工具栏选项卡

删除快捷按钮的方法是在按钮上单击鼠标右键，执行"删除按钮"命令，然后在弹出的对话框中单击"是"按钮，如图 1-24 所示。

### 六、命令面板

命令面板由 6 个面板组成，通过命令面板可以完成从创建对象、修改对象到控制对象各种属性等一系列工作。命令面板由功能按钮和卷展栏两部分组成，功能按钮用于在不同面板之间进行切换，卷展栏用于对各种参数进行分类，如图 1-25、图 1-26 所示。

### 七、视口控制区

视口控制区 ( 图 1-27) 中的工具可以对激活的视口进行缩放、移动、旋转等控制操作。

图 1-24　删除按钮　　　图 1-25　功能按钮　　　图 1-26　卷展栏　　　图 1-27　视口控制区

【小贴士】缩放视口快捷键为"Ctrl+Alt+ 鼠标中键"；视口最大开关快捷键为"Alt+W"。

### 八、动画控制区

利用动画控制区 (图 1-28) 中的工具可以完成创建关键帧、在视口中播放动画等操作。

### 九、提示栏与坐标显示栏

提示栏 (图 1-29) 中显示了当前选择工具和下一步操作的信息。坐标显示栏中显示了选择对象的坐标信息，也可以输入数值直接调整对象的坐标位置。

图 1-28　动画控制区　　　　　　　　　　　图 1-29　提示栏

## 第四节　3ds Max 2011 的基础操作

### 一、单位设置和捕捉设置

单位是连接 3ds Max 的三维世界与物理世界的关键，在"单位设置"对话框中可以定义要使用的单位；捕捉设置可快速精确地帮助用户找到顶点、边或面，本节对其进行详细介绍。

#### 1. 单位设置

选择"自定义"→"单位设置"命令，弹出"单位设置"对话框，如图 1-30 所示。

在该对话框中可以选择通用单位或标准单位 (英尺、英寸和公制尺寸 )，也可以创建自定义单位，这些自定义单位可以在创建任何对象时使用，下面对其中的参数进行说明。

【系统单位设置】单击此按钮，可弹出"系统单位设置"对话框，如图 1-31 所示，在其中可设置系统单位比例。

图 1-30　"单位设置"对话框

【公制】在其下拉列表中可选择公制单位，如毫米、厘米、米和千米。

【美国标准】在其下拉列表中可选择美国标准的单位，如分数英寸、小数英寸、分数英尺、小数英尺、英尺 / 分数英寸和英尺 / 小数英寸。

【自定义】可在其后的数值框中输入数值来定义度量的自定义单位。

【通用单位】该选项为默认选项 ( 一英寸 )，它为软件使用的系统单位。

【照明单位】在该参数设置区中可以选择灯光值是以美国单位显示还是国际单位显示。

#### 2. 栅格和捕捉设置

鼠标右键单击工具栏上的捕捉命令，弹出"栅格和捕捉设置"对话框，如图 1-32 所示，在该对话框中包含了"捕捉"、"选项"、"主栅格"和"用户栅格"4 个选项卡，在每个选项卡中都可对不同的参数进行设置，下面分别进行介绍。

图 1-31　"系统单位设置"对话框

图 1-32　"栅格和捕捉设置"对话框

(1)"捕捉"选项卡：该选项卡中包含了许多捕捉的可选对象，在使用时用户可以根据需要对捕捉的对象进行设置。

【栅格点】捕捉到栅格交点。在默认情况下，此捕捉类型处于启用状态。键盘快捷键为"Alt + F5"。

【栅格线】捕捉到栅格线上的任何点。

【轴心】捕捉到对象的轴心。键盘快捷键为"Alt + F6"。

【边界框】捕捉到对象边界框的八个角中的一个。

【垂足】捕捉到样条线上与上一个点相对的垂直点。

【切点】捕捉到样条线上与上一个点相对的相切点。

【顶点】捕捉到网格对象或可以转换为可编辑网格对象的顶点。捕捉到样条线上的分段。键盘快捷键为"Alt + F7"。

【端点】捕捉到网格边的端点或样条线的顶点。

【边/线段】捕捉沿着边(可见或不可见)或样条线分段的任何位置。键盘快捷键为"Alt + F9"。

【中点】捕捉到网格边的中点和样条线分段的中点。键盘快捷键为"Alt + F8"。

【面】捕捉到曲面上的任何位置。键盘快捷键为"Alt + F10"。

【中心面】捕捉到三角形面的中心。

(2)"选项"选项卡：该选项卡如图 1-33 所示，主要用于设置捕捉的通用参数，如捕捉半径、角度、百分比等。

(3)"主栅格"选项卡：该选项卡如图 1-34 所示，主要用于设置主栅格的参数，如栅格间距、范围等。

(4)"用户栅格"选项卡：该选项卡如图 1-35 所示，主要用于设置栅格对象自动化参数、栅格对齐的方式等。

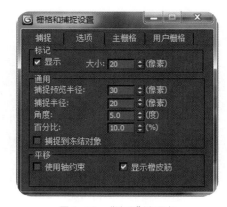

图 1-33　"选项"选项卡

## 二、变换工具

创建对象后，为了达到理想的效果，需要对对象进行一系列的调整，其中移动、缩放、

9

旋转是 3ds Max 中基本的三大变换操作，其他变换操作还有对齐、调整轴心、镜像等，本节将对这些变换工具的使用进行详细介绍。

图 1-34 "主栅格"选项卡

图 1-35 "用户栅格"选项卡

### 1. 选择并移动工具

选择可选择的对象并对其进行移动操作。单击工具栏中的"选择并移动"按钮 ，在视图中选择需要移动的对象，即可沿定义的坐标轴移动对象，如图 1-36 所示（物体移动的前后变化）。

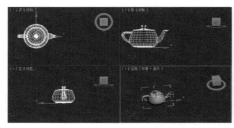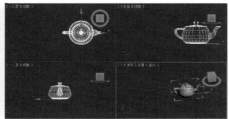
图 1-36 移动前与移动后

在工具栏中的"选择并移动"按钮上单击鼠标右键，弹出"移动变换输入"对话框，如图 1-37 所示，在其中可输入精确的数值来改变对象的位置。另外，也可通过选择"工具"→"变换输入"命令或按"F12"键来打开该对话框。

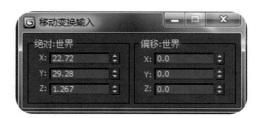
图 1-37 "移动变换输入"对话框

【小贴士】在工具栏中的"选择并旋转"按钮和"选择并均匀缩放"按钮上单击鼠标右键，同样可以打开相应的变换输入对话框。选择（改变选择方式）快捷键为"Q"；水平移动快捷键为"Alt+Shift+Ctrl+K"。

### 2. 选择并缩放工具

选择可选择的对象并对其进行缩放操作。在工具栏中包括 3 种缩放工具：选择并均匀缩放工具▣、选择并非均匀缩放工具▣和选择并挤压工具▣。下面对其分别进行介绍。

【选择并均匀缩放】选择并均匀缩放是指在三个轴上对对象进行等比例缩放变换，缩放的结果只改变对象的体积而不改变对象的形状，如图 1-38 所示（物体均匀缩放的前后变化）。

【选择并非均匀缩放】选择并非均匀缩放可将对象在指定的坐标轴或坐标平面内进行缩放，缩放的结果是对象的体积和形状都发生了改变，如图 1-39 所示（物体非均匀缩放的前后变化）。

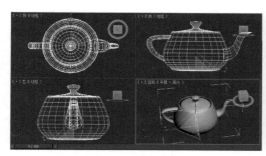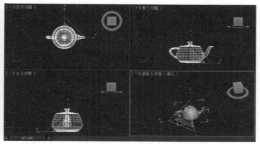

图 1-38　物体均匀缩放前后

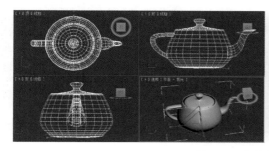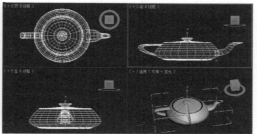

图 1-39　物体非均匀缩放前后

【选择并挤压工具】选择并挤压工具可将对象在指定的坐标轴上做挤压变形，缩放的结果改变对象的形状而不改变对象的体积，如图 1-40 所示（物体挤压的前后变化）。

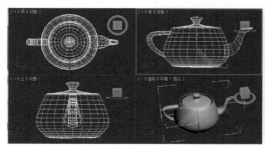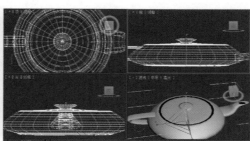

图 1-40　物体挤压前后

### 3. 选择并旋转工具

选择可选择的对象并将其绕定义的坐标轴进行旋转。单击工具栏中的"选择并旋转"按钮，即可将选择的对象绕定义的轴进行旋转，效果如图 1-41 所示（物体旋转的前后变化）。

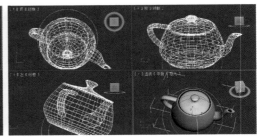

图 1-41　物体旋转前后

### 三、对齐

对齐命令可以用来精确地将一个对象和另一个对象按照指定的坐标轴进行对齐。在视图中选择需要对齐的对象后，单击工具栏中的"对齐"按钮 ，在视图中单击拾取目标对象，弹出"对齐当前选择"对话框，如图 1-42 所示。

在该对话框中可对对齐位置、对齐方向进行设置，设置参数后，单击"确定"按钮即可，效果如图 1-43 所示（物体对齐的前后变化）。

在"对齐位置"选项区中，"X 位置"、"Y 位置"、"Z 位置"复选框用于确定物体沿 3ds Max 2011 坐标系中某条约束轴与目标物体对齐。

在"当前对象"和"目标对象"选项中，"最小"表示将原物体的对齐轴负方向的边框与目标物体中的选定成分对齐；"中心"表示将原物体与目标物体按几何中心对齐；"轴点"表示将原物体与目标物体按轴心对齐；"最大"表示将原物体对齐轴正方向的边框与目标物体中的选定成分对齐。

图 1-42　"对齐当前选择"对话框

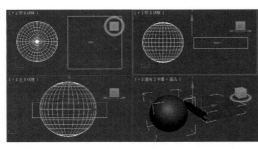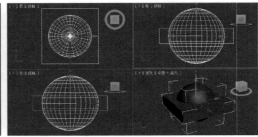

图 1-43　物体对齐前后

在"对齐方向"选项区中，"X 轴"、"Y 轴"、"Z 轴"复选框用于确定如何旋转原物体，以使其按选定的坐标轴对齐。

"匹配比例"选项区的作用是如果目标对象被缩放了，那么选择轴向可以将被选定对象沿局部坐标轴缩放到与目标对象相同的百分比。

按住主工具栏"对齐"按钮，并停留片刻，系统将弹出 6 种不同的对齐方式按钮。依次为"对齐"、"快速对齐"、"法线对齐"、"放置高光"、"对齐摄影机"和"对齐视图"。其中，"快速对齐"使用方法如下。

在视图窗口中选择要对齐的一个或多个对象，选择主工具栏"快速对齐"工具，在视图中单击目标对象，即可完成快速对齐操作。

#### 四、镜像

镜像命令可将当前选择的对象按指定的坐标轴进行移动镜像或复制镜像，它可以快速地生成具有对称性对象的另一半，如人脸部的一半。

在视图中选择需要进行镜像操作的对象后，单击工具栏中的"镜像"按钮或者选择"工具"菜单中的"镜像"命令，都会弹出"镜像：屏幕坐标"对话框，如图 1-44 所示。

在该对话框中的"镜像轴"参数设置区中可设置对象镜像的坐标轴；在"偏移"后的微调框中可设置镜像对象轴点距原始对象轴点之间的距离。

如果选中"克隆当前选择"参数设置区中的"不克隆"单选按钮，则只对选择的对象进行移动镜像；如果选中"复制"、"实例"或"参考" 3 个单选按钮中的任何一个，都可将选择的对象进行镜像复制，只是产生的副本类型不同，镜像复制对象效果如图 1-45 所示。

图 1-44 "镜像：屏幕坐标"对话框

垂直镜像快捷键为"Alt+Shift+Ctrl+M"；水平镜像快捷键为"Alt+Shift+Ctrl+N"。

13

#### 五、阵列

阵列命令可以以当前选择对象为参考，进行一系列复制操作。在视图中选择一个对象后，选择"工具"→"阵列"命令，弹出"阵列"对话框，如图 1-46 所示。在其中可指定阵列尺寸、偏移量、对象的类型和变换数量等。

【增量】用来设置阵列物体在各个坐标轴上的移动距离、旋转角度以及缩放程度。

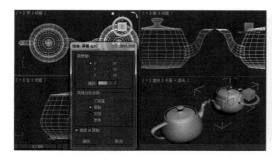
图 1-45 镜像复制效果

图 1-46 "阵列"对话框

【总计】用来设置阵列物体在各个坐标轴上的移动距离、旋转角度和缩放程度的总量。

【重新定向】选中该复选框，阵列对象围绕世界坐标轴旋转时也将围绕自身坐标轴旋转。

【对象类型】用来设置阵列复制物体的副本类型。

【阵列维度】用来设置阵列复制的维数。

#### 1.线性阵列

线性阵列是沿着一个或多个轴的一系列克隆。线性阵列可以是任意对象，如一排树或一列车到一个楼梯、一排支柱式围栏或一段长链。任何场景所需的重复对象或图形都可以看作线性阵列。

【一维线性阵列】一维线性阵列可以使阵列对象沿单个坐标轴进行阵列复制，其应用效果如图 1-47 所示。

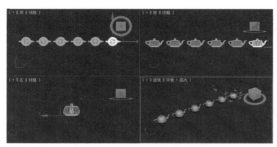

图 1-47　一维线性阵列效果

【二维线性阵列】二维线性阵列可使阵列对象在一个坐标平面内进行阵列复制，其应用效果如图 1-48 所示。

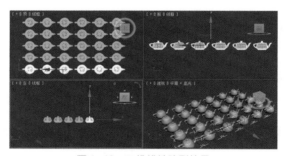

图 1-48　二维线性阵列效果

【三维线性阵列】三维线性阵列可以使阵列对象在一个三维空间中进行阵列复制，其应用效果如图 1-49 所示。

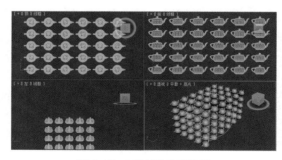

图 1-49　三维线性阵列效果

### 2.圆形阵列

圆形阵列类似于线性阵列，但它是围绕着公共中心旋转而不是沿着某条轴旋转，其应用效果如图 1-50 所示。

### 六、对象的选择

3ds Max 是一个面向对象的软件，在对某个对象进行操作前，须先选中该对象。3ds Max 2011 提供了多种选择对象的方法，如选择按钮选择，区域框选选择，按名称选择，按颜色选择等。下面分别对其进行介绍。

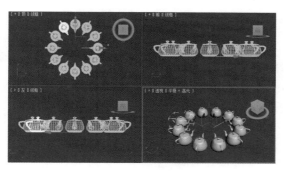

图 1-50　圆形阵列效果

**1. 选择按钮选择**

在选择对象时经常使用工具栏中的具有选择功能的按钮进行选择，在工具栏中共有 7 个按钮具有选择功能，下面分别进行介绍。

【选择对象】按钮：仅具有选择功能，不能对选择的对象进行操作。

【选择并移动】按钮：具有选择功能，还可以对选择的对象进行移动。

【选择并旋转】按钮：具有选择功能，还可以对选择的对象进行旋转。

【选择并均匀缩放】按钮：具有选择功能，还可以对选择的对象进行均匀缩放。

【选择并链接】按钮：具有选择功能，并可将选择的对象与其他对象链接。

【断开当前选择链接】按钮：具有选择功能，并可断开选择对象的链接。

【选择并操纵】按钮：用来对操作器进行选择。

【小贴士】在进行选择对象操作时，被选中的对象将以白线框显示，在透视图中被选中的对象将被白色线框包围。当选择一个对象后，再单击其他对象时，原来被选中的对象则被取消选择，并同时选中新的对象。但是，按住"Ctrl"键可以对对象进行追加选择和取消选择；按住"Alt"键可以对已选择的对象进行减选。选择并移动快捷键为"W"。

**2. 区域框选选择**

3ds Max 2011 系统提供了多种选择区域，单击工具栏中的"矩形选择区域"按钮，并按住鼠标左键不放，将弹出一个按钮组，每一个按钮都代表着一种选择区域，分别为矩形选择区域、圆形选择区域、围栏选择区域、套索选择区域和绘制选择区域，下面分别进行介绍。

【矩形选择区域】按钮：当选择此工具时，在视图中按住鼠标左键拖动，将出现一个矩形虚线框，所有在虚线框内的对象将被选中（不必整个对象都在虚线框内）。

【圆形选择区域】按钮：当选择此工具时，在视图中按住鼠标左键拖动，将出现一个圆形虚线框，同样，所有在虚线框内的对象将被选中（不必整个对象都在虚线框内）。

【围栏选择区域】按钮：当选择此工具时，在视图中用户可以自定义一个封闭的多边形区域，所有在虚线框内的对象都会被选中（不必整个对象都在虚线框内）。

【套索选择区域】按钮：当选择此工具时，将以鼠标在视图中移动的轨迹绘制封闭区域，所有在虚线框内的对象将被选中（不必整个对象都在虚线框内）。

【绘制选择区域】按钮：当选择此工具时，在视图中按住鼠标左键，将出现一个圆形虚线框，在视图中移动鼠标，当圆形虚线框接触到某个对象时，该对象将被选中，移

15

动鼠标可以连续选择多个对象。

### 3. 按名称选择

按名称选择可以快速、准确地选择所需对象。单击工具栏中的"按名称选择"按钮![按钮]，弹出"选择对象"对话框，如图 1-51 所示。

【小贴士】在该对话框中将列出场景中所有对象，包括灯光、摄像机等对象，按住"Ctrl"和"Shift"键可选择多个对象，另外，在该对话框中可设置列出对象的类型。当单击其中的"全部"按钮时，可以选中列表中的所有对象；当单击"反转"按钮，可以反选列表中的对象，其效果相当于执行"编辑"→"反选"命令。

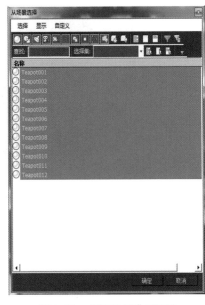

图 1-51　"选择对象"对话框

### 4. 按颜色选择

按颜色选择可以快速地将同一颜色的对象一次性全部选定。选择"编辑"→"选择方式"命令，选择"颜色"子菜单，如图 1-52 所示。

选择其中的"颜色"命令后，在视图中单击选择一个对象，则与该对象颜色相同的对象全部被选中。

图 1-52　颜色子菜单

### 5. 命名选择集选择

命名选择集可对命名过的选择集快速地进行选择。下面结合实例进行说明。

(1) 单击"创建"按钮，进入创建命令面板。单击"几何体"按钮，进入几何体创建命令面板，使用其中的命令按钮创建如图 1-53 所示的对象。

(2) 在视图中选择长方体和球体，在工具栏中的"命名选择集"文本框中输入"长方体和球体"，然后按"Enter"键。

(3) 在视图中选择茶壶和圆环，在工具栏中的"命名选择集"文本框中输入"茶壶和圆环"，然后按"Enter"键。

(4) 取消选中的所有对象，然后在"命名选择集"下拉列表框中选择长方体和球体，则长方体和球体将被选中，如图 1-54 所示。

同样，如果选择"命名选择集"下拉列表框中的茶壶和圆环时，则茶壶和圆环将被选中。

另外，用户还可以对已创建的选择集进行修改编辑。单击工具栏中的"编辑命名选择集"按钮，弹出"命名选择集"对话框，在该对话框中可以创建新集、为已创建的选择集添加或减选对象以及重命名选择集等。

图 1-53　创建几何体

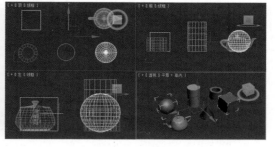

图 1-54　选择集合快速选择

【小贴士】在"命名选择集"对话框中的选项上单击鼠标右键，将弹出快捷菜单，在其中选择命令可进行相应的操作。

### 七、对象的克隆

克隆对象是指创建对象副本的过程，克隆对象后，其副本和源对象将保持一定的联系。一般情况下可使用两种方法来克隆对象：一种是使用"编辑"菜单中的"克隆"命令；另一种是在选择对象的同时按住"Shift"键，然后拖动鼠标即可完成克隆对象的操作。

#### 1. 克隆命令

在视图中选择需要克隆的对象，选择"编辑"→"克隆"命令，弹出"克隆选项"对话框，在其中用户可设置产生副本的类型、名称等，如图 1-55 所示。

创建克隆对象后产生的副本和源对象在位置上是重合的，用户很难区分，此时用户可使用移动工具将其分开，也可通过按"H"键，在弹出的"选择对象"对话框中进行区分。

#### 2. 克隆选项

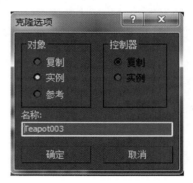

图 1-55　"克隆选项"对话框

执行"编辑"→"克隆"命令的快捷键为"Ctrl + V"。

选择"编辑"→"克隆"命令对对象进行克隆时，在弹出的"克隆选项"对话框中用户可选择产生副本的方式。当选择不同的方式时，产生的副本和源对象的关系也是有所不同的，下面将对其进行说明。

【复制】选中此单选按钮时，克隆产生的副本是一个单独的对象，和源对象没有联系，当对副本进行改变时不会影响到源对象，反之，对源对象进行改变时也不会影响到克隆产生的副本。

【实例】选中此单选按钮时，产生的副本和源对象将建立关联。对源对象或者对任何一个副本进行修改时，所有对象将随之发生相应的改变。

【参考】选中此单选按钮时，对克隆产生的副本的修改将不影响其源对象（父体）；对源对象进行的修改将影响其副本。

#### 3. 快速克隆

在使用选择并移动工具、选择并旋转工具、选择并均匀缩放工具时，按住"Shift"键可快速产生副本。使用时将弹出一个"克隆选项"对话框，如图 1-56 所示，其中比使用"克隆"命令弹出的"克隆选项"对话框中多了一个"副本数"参数，在其后的微调框中用户可设置产生的副本数。

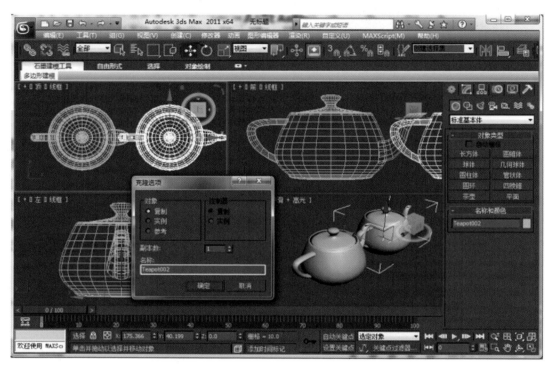

图 1-56　快速克隆

## 本 / 章 / 小 / 结

　　本章主要讲述了 3ds Max 2011 的主要应用领域、3ds Max 2011 的工作界面和 3ds Max 的一些基础操作。通过本章的学习，用户应了解 3ds Max 2011 的主要应用领域，掌握系统单位设置、捕捉选项设置以及对象的选择、变换、复制、成组等命令的使用方法。

# 思考与练习

1. 3ds Max 中的三大基本变换操作是移动、_____、_____。

2. 阵列包括线性阵列、圆形阵列和_____阵列。

3. 在使用变换工具时，结合_____键可将对象进行克隆。

4. 在 3ds Max 主界面的中可以对视口进行_____操作。

5. 要想浏览最新使用过的场景文件，最快捷的方法就是单击_____打开应用程序菜单。

6. _____中显示了当前选择工具和下一步操作的信息。

7. 下列（　　）不属于线性阵列。

    A. 一维线性阵列            B. 二维线性阵列

    C. 三维线性阵列            D. 四维线性阵列

8. 不使用视口控制区中的工具，使用（　　）也可以进行视口的缩放操作。

    A. 鼠标左键              B. 鼠标右键

    C. 鼠标中键              D. 快捷键

9. 打开应用程序菜单的快捷键为（　　）。

    A. Ctrl+F              B. Alt+F

    C. Ctrl+L              D. Alt+L

10. 边面是将（　　）和"平滑＋高光"显示方式结合到一起的显示方式。

    A. 线框              B. 边面

    C. 隐藏线              D. 平面

11. 3ds Max 2011 的标题栏包括哪些元素？

12. 简述自定义工具栏的方法。

13. 命令面板的作用是什么？

14. 如何在工具栏中添加新的工具按钮？

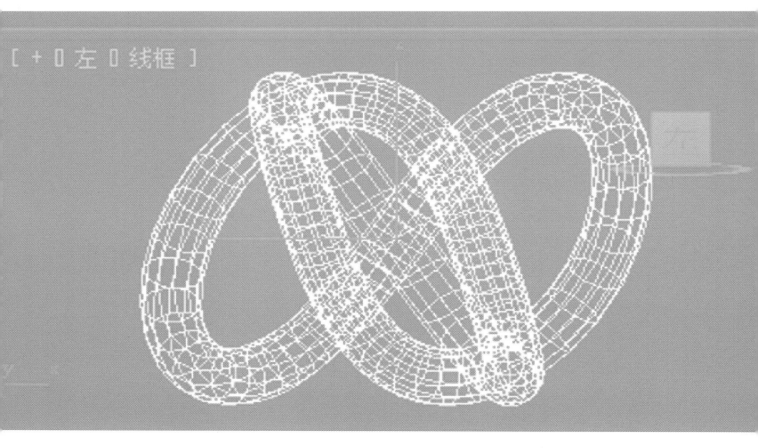

# 第二章
# 创建几何体

**章节导读**

本章主要讲述几何体的创建方法。几何体包括日常生活中最常见的基本形体，通过几何体之间的组合可以制作出许多简单的模型。同时，几何体也是其他建模方式的基础。通过本章学习应掌握以下内容：

■ 掌握标准基本体的创建方法；

■ 掌握扩展基本体的创建方法；

■ 掌握门、窗、楼梯的创建方法；

■ 使用三维物体进行简单的建模。

## 第一节　创建标准基本体

单击"创建"按钮，进入创建命令面板。单击"几何体"按钮，进入几何体创建命令面板，如图 2-1 所示。

该面板包括"对象类型"和"名称和颜色"两个卷展栏。在"对象类型"卷展栏中用户可以选择创建的对象类型；在"名称和颜色"卷展栏中，用户可以设置创建三维物体的名称和颜色。下面对各种标准基本体的创建方法进行介绍。

### 一、长方体

单击"长方体"按钮，在顶视图中按住鼠标左键并拖动，确定长方体底面的长度和宽度，松开鼠标左键并向上或向下移动鼠标，确定长方体的高度，然后单击鼠标左键，即可创建一个长方体。根据以上方法可以继续创建长方体，如果要结束长方体的创建，单击鼠标右键即可。创建的长方体如图 2-2 所示。

图 2-1　几何体命令面板

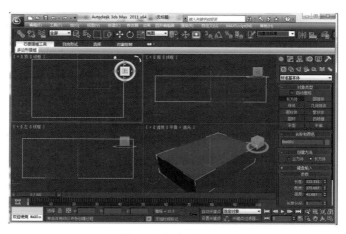

图 2-2　创建的长方体

### 1. "名称和颜色"卷展栏

"名称和颜色"卷展栏用于设置物体的名称和颜色，如图 2-3 所示。

(1) Box001 ：用来设置物体的名称。

(2) ：用来设置物体的颜色，在其上单击鼠标左键，弹出"对象颜色"对话框，在其中可选择合适的颜色，如图 2-4 所示。

图 2-3　"名称和颜色"卷展栏　　　　图 2-4　"对象颜色"对话框

单击其中"当前颜色"后的颜色块 ，将弹出"颜色选择器：添加颜色"对话框，如图 2-5 所示。

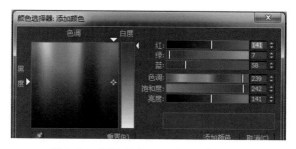

图 2-5　"颜色选择器：添加颜色"对话框

### 2. "创建方法"卷展栏

"创建方法"卷展栏用来设置长方体的创建方法，如图 2-6 所示。

(1)【立方体】选中该单选按钮，将创建立方体。

(2)【长方体】选中该单选按钮，将创建长方体。

### 3. "键盘输入"卷展栏

"键盘输入"卷展栏可以用键盘输入的方式来创建长方

图 2-6　"创建方法"卷展栏

体，如图 2-7 所示。

【X】以键盘输入方式确定长方体在 X 轴方向上的长度。

【Y】以键盘输入方式确定长方体在 Y 轴方向上的长度。

【Z】以键盘输入方式确定长方体在 Z 轴方向上的长度。

【长度】以键盘输入方式确定长方体的长度。

【宽度】以键盘输入方式确定长方体的宽度。

【高度】以键盘输入方式确定长方体的高度。

4. "参数"卷展栏

"参数"卷展栏用来设置所创建长方体的参数，如图 2-8 所示。

【长度】用来设置长方体的长度。

【宽度】用来设置长方体的宽度。

【高度】用来设置长方体的高度。

【长度分段】用来设置长方体的长度分段数。

【宽度分段】用来设置长方体的宽度分段数。

【高度分段】用来设置长方体的高度分段数。

【生成贴图坐标】选中此复选框，将自动生成贴图坐标。

图 2-7　"键盘输入"卷展栏

图 2-8　"参数"卷展栏

## 二、圆锥体

单击"圆锥体"按钮，在顶视图中按住鼠标左键并拖动，确定圆锥体的底面半径，移动鼠标到适当位置并单击鼠标，确定圆锥体的高度，然后移动鼠标到适当位置并单击，确定顶圆的半径，即可创建一个圆锥体，如图 2-9 所示。

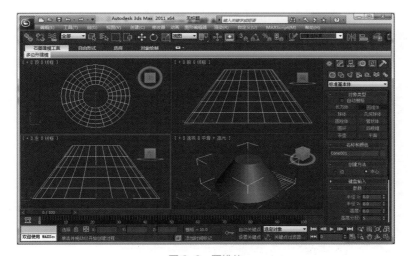

图 2-9　圆锥体

"参数"卷展栏中各选项参数含义说明如下。

【半径 1】用来设置圆锥体底面的半径。

【半径 2】用来设置圆锥体顶面的半径。

【高度】用来设置圆锥体的高度。

【高度分段】用来设置圆锥体的高度分段数。

【端面分段】用来设置圆锥体的顶面分段数。

【边数】用来设置圆锥体的边数，范围在 3 ～ 200 之间，数值越大，其表面越圆滑。

### 三、球体

单击"球体"按钮，在顶视图中按住鼠标左键并拖动，然后松开鼠标即可创建一个球体，如图 2-10 所示。

图 2-10　球体

"参数"卷展栏中各选项参数的含义说明如下。

【半径】用来设置球体的半径。

【分段】用来设置球体的分段数，数值越大，球体的表面越光滑。

【半球】用来设置球体的半球系数，系数为 0 时，创建一个完整的球体；系数为 0.5 时，创建一个半球体；系数为 1 时，整个球体将消失。图 2-11 为系数为 0.5 时创建的半球体。

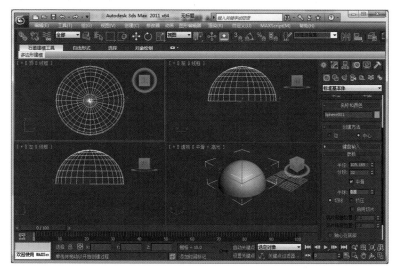

图 2-11　半球系数创建半球体

【切除】选中该单选按钮，直接从球体上切下一部分生成半球，剩余半球的分段数减少，分段的密度不变。

【挤压】选中该单选按钮，改变球体的外形，剩余半球的分段数不变，分段的密度增大，"切除"与"挤压"方式的对比效果如图2-12所示。

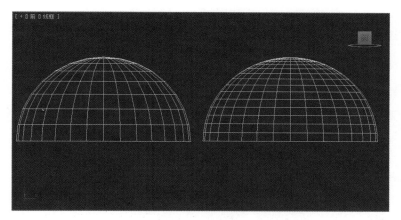

图2-12 "切除"与"挤压"方式对比

【启用切片】选中该复选框，将启用切片设置。

【切片起始位置】用来设置切片的开始角度。

【切片结束位置】用来设置切片的结束角度。

【轴心在底部】选中该复选框，将以中心点即球心为基准点创建球体。

【生成贴图坐标】选中该复选框，将自动生成贴图坐标。

## 四、几何球体

单击"几何球体"按钮，在顶视图中按住鼠标左键并拖动，即可创建一个几何球体，如图2-13所示。

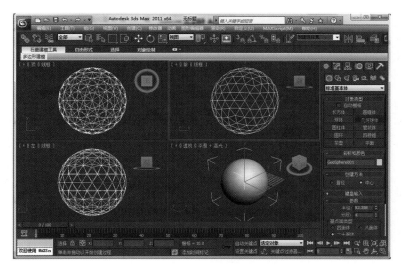

图2-13 几何球体

"参数"卷展栏中各选项参数的含义说明如下。

【半径】用来设置几何球体的半径。

【分段】用来设置几何球体的分段数，数值越大，几何球体的表面越光滑。

【基点面类型】用来确定构成几何体的多面体的类型，有四面体、八面体和二十面体3种。

【平滑】选中该复选框，可对球体表面进行光滑处理。

【半球】选中该复选框，整球将变为半球。

【轴心在底部】选中该复选框，将以球心为基准点创建几何球体。

【生成贴图坐标】选中该复选框，将自动生成贴图坐标。

### 五、圆柱体

单击"圆柱体"按钮，在顶视图中按住鼠标左键并拖动，确定圆柱体的底面半径，松开鼠标左键并移动鼠标，确定圆柱体的高，然后单击鼠标左键即可完成圆柱体的创建，如图 2-14 所示。

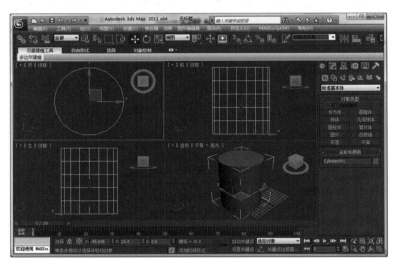

图 2-14　圆柱体

"参数"卷展栏中各选项参数的含义说明如下。

【半径】用来设置圆柱体底面和顶面的半径。

【高度】用来设置圆柱体的高度。

【高度分段】用来设置圆柱体在高度上的分段数。

【端面分段】用来设置圆柱体在两个端面上沿半径的分段数。

【边数】用来设置圆柱体在圆周上的分段数，值越大圆柱体表面越光滑。

【启用切片】用来控制是否启用切片设置，打开后可以在下面的设置中调节切片的大小。

【切片起始位置】用来设置切片的开始角度。

【切片结束位置】用来设置切片的结束角度。

【生成贴图坐标】选中该复选框，将自动生成贴图坐标。

### 六、管状体

单击"管状体"按钮，在顶视图中按住鼠标左键并拖动，确定管状体的半径 1，接着移动鼠标到适当位置并单击，确定管状体的半径 2，然后移动并单击鼠标，确定管状体的高度，即可创建一个管状体，如图 2-15 所示。

"参数"卷展栏中各选项参数的含义说明如下。

【半径 1】用来控制管状体底面圆环的外径。

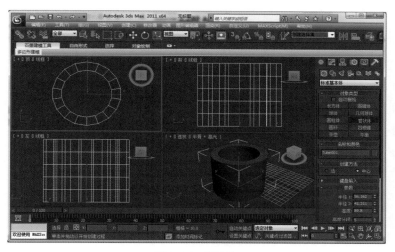

图 2-15 管状体

【半径 2】用来控制管状体底面圆环的内径。

【高度】用来控制管状体的高度。

【高度分段】用来控制管状体高度上的分段数。

【端面分段】用来控制管状体上下底面沿半径轴的分段数。

【边数】用来控制管状体圆周上的分段数，值越大，管状体越光滑。

【启用切片】用来控制是否启用切片设置，选中后可以在下面的设置中调节切片的大小。

【切片起始位置】用来设置切片的开始角度。

【切片结束位置】用来设置切片的结束角度。

【生成贴图坐标】选中该复选框，将自动生成贴图坐标。

### 七、圆环

单击"圆环"按钮，在顶视图中按住鼠标左键并拖动，确定圆环的半径 1，然后向里或向外移动鼠标，确定圆环的半径 2，再次单击鼠标左键即可创建一个圆环，如图 2-16 所示。

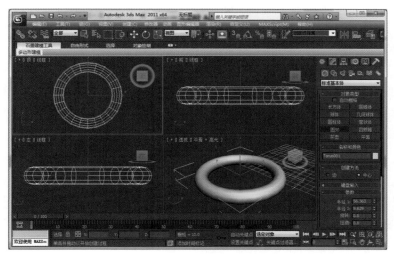

图 2-16 圆环

"参数"卷展栏中各选项参数的含义说明如下。

【半径 1】用来设置圆环的半径 1。

【半径 2】用来设置圆环的半径 2。

【旋转】用来设置每一段截面沿圆环轴旋转的角度。

【扭曲】用来设置每一段截面扭曲的角度。

【分段】用来设置圆环圆周上的分段数，数值越大，圆环表面越光滑。

【边数】用来设置圆环圆周上的边数，数值越大，圆环表面越光滑。

【平滑】用来设置圆环的光滑属性，有以下 4 种类型。

(1)【全部】选中该单选按钮，对整个圆环表面进行光滑处理。

(2)【侧面】选中该单选按钮，仅对圆环的边界进行光滑处理。

(3)【无】选中该单选按钮，不进行光滑处理。

(4)【分段】选中该单选按钮，仅对圆环的每一片段进行光滑处理。

4 种类型效果的比较如图 2-17 所示。

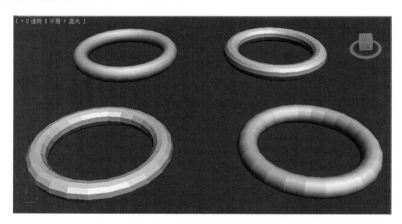

图 2-17　圆环光滑属性效果比较

【启用切片】选中该复选框，将启用切片设置。

【切片起始位置】用来设置切片的开始角度。

【切片结束位置】用来设置切片的结束角度。

【生成贴图坐标】选中该复选框，将自动生成贴图坐标。

### 八、四棱锥

单击"四棱锥"按钮，在顶视图中按住鼠标左键并拖动，确定四棱锥的底面，接着松开鼠标左键并向上或向下移动鼠标，确定四棱锥的高度，然后单击鼠标左键即可创建一个四棱锥，如图 2-18 所示。

"参数"卷展栏中各选项参数的含义说明如下。

【长度】用来设置四棱锥底面矩形的长度。

【宽度】用来设置四棱锥底面矩形的宽度。

【高度】用来设置四棱锥的高度。

【宽度分段】用来设置四棱锥的底面长度分段数。

【深度分段】用来设置四棱锥的底面宽度分段数。

【高度分段】用来设置四棱锥的高度分段数。

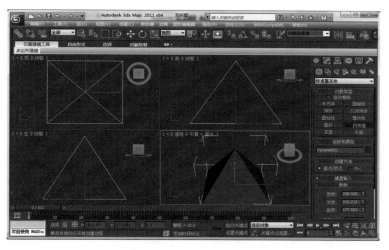

图 2-18 四棱锥

【生成贴图坐标】选中此复选框，将自动生成贴图坐标。

## 九、茶壶

单击"茶壶"按钮，在顶视图中按住鼠标左键并拖动，即可创建一个茶壶，如图 2-19 所示。

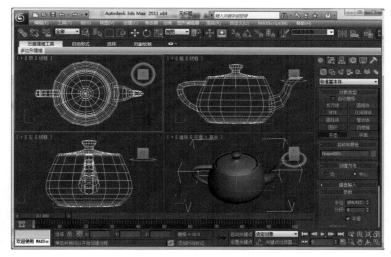

图 2-19 茶壶

"参数"卷展栏中各选项参数的含义说明如下。

【半径】用来设置茶壶的半径。

【分段】用来设置茶壶的分段数，数值越大，茶壶的表面越光滑。

【平滑】选中该复选框，可对茶壶表面进行光滑处理。

【茶壶部件】用来控制茶壶各部件的取舍。

【生成贴图坐标】选中该复选框，将自动生成贴图坐标。

## 十、平面

单击"平面"按钮，在顶视图中按住鼠标左键并拖动，确定平面的长和宽，单击鼠标左键即可创建一个平面，如图 2-20 所示。

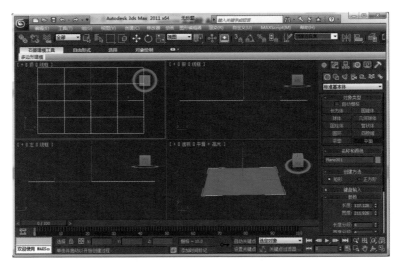

图 2-20　平面

"参数"卷展栏中各选项参数的含义说明如下。

【长度】用来设置平面的长度。

【宽度】用来设置平面的宽度。

【长度分段】用来设置平面的长度分段数。

【宽度分段】用来设置平面的宽度分段数。

【缩放】用来设置渲染的比例。

【密度】用来设置渲染的密度。

【生成贴图坐标】选中该复选框，将自动生成贴图坐标。

# 第二节　创建扩展基本体

单击"创建"按钮，进入创建命令面板。单击"几何体"按钮，进入几何体创建命令面板，选择"标准基本体"下拉列表中的"扩展基本体"选项，即可进入扩展基本体创建命令面板，如图 2-21 所示。

## 一、异面体

单击"异面体"按钮，在顶视图中按住鼠标左键并拖动，即可创建一个异面体，如图 2-22 所示。

其"参数"卷展栏中各选项参数的含义说明如下。

图 2-21　扩展基本体创建命令面板

【系列】在该参数设置区中用户可选择创建不同形状的异面体，分别为"四面体"、"立方体 / 八面体"、"十二面体 / 二十面体"、"星形 1"与"星形 2"。创建的不同类型的异面体如图 2-23 所示。

【系列参数】在该参数设置区中可通过调整 P 和 Q 的值对异面体的顶点和面进行双向调整。

【轴向比率】在该参数设置区中可通过调整 P、Q 和 R 的值来调整它们各自的轴向比率。

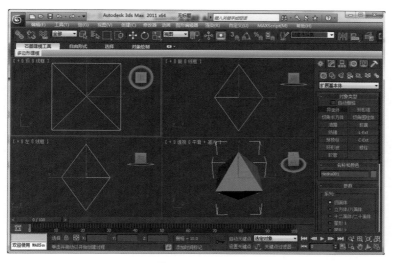

图 2-22　异面体

图 2-23　不同类型异面体

【顶点】用来设置异面体节点的创建方式，包括"基点"、"中心"和"中心和边"3种方式。

【半径】用来设置异面体半径的大小。

### 二、环形结

单击"环形结"按钮，在顶视图中按住鼠标左键并拖动，即可创建一个环形结，如图2-24 所示。

其"参数"卷展栏中各选项参数的含义说明如下。

【结】选中该单选按钮，以节点形式创建环形结。

【圆】选中该单选按钮，节点环形结变为圆环体。

【半径】用来设置基本线形的半径大小。

【分段】用来设置环形结的分段数，数值越大，其表面越光滑。

### 三、切角长方体

单击"切角长方体"按钮，在顶视图中按住鼠标左键并拖动，即可创建一个切角长方体，如图 2-25 所示。

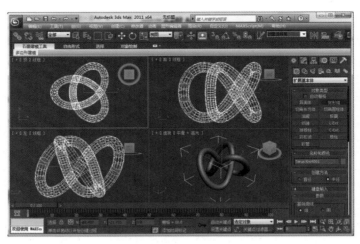

图 2-24　环形结

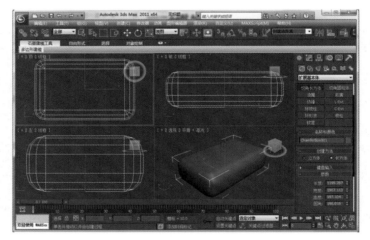

图 2-25　切角长方体

### 四、切角圆柱体

单击"切角圆柱体"按钮，在顶视图中按住鼠标左键并拖动，即可创建一个切角圆柱体，如图 2-26 所示。

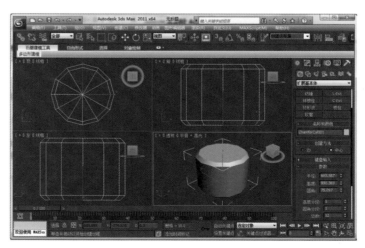

图 2-26　切角圆柱体

### 五、油罐

单击"油罐"按钮，在顶视图中按住鼠标左键并拖动，确定油罐的半径，接着向上或向下移动鼠标并单击，确定油罐的高度，然后继续移动鼠标并单击，确定油罐的封口高度，即可创建一个油罐，如图 2-27 所示。

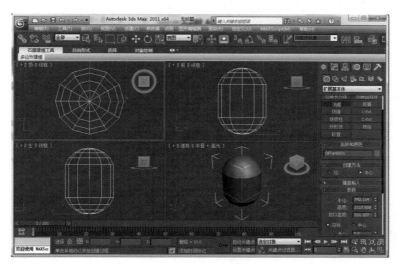

图 2-27　油罐

其"参数"卷展栏中各选项参数的含义说明如下。

【半径】用来设置油罐底面的半径。

【高度】用来设置油罐的高度。

【封口高度】用来设置油罐体上下两端弯曲部分的高度。

【总体】选中该单选按钮，表示整个油罐的高度。

【中心】选中该单选按钮，表示从油罐中心到一端的高度。

【混合】用来设置油罐体与两端之间的边缘倒角。

【边数】用来设置油罐圆周的边数，数值越大，其表面越光滑。

【高度分段】用来设置油罐体上的高度分段数。

【平滑】选中该复选框，进行表面光滑处理。

【启用切片】选中该复选框，根据设置的起止角度进行切片。

【切片起始位置】用来设置切片的开始角度。

【切片结束位置】用来设置切片的结束角度。

【生成贴图坐标】选中该复选框，对油罐表面可进行贴图处理。

### 六、胶囊

单击"胶囊"按钮，在顶视图中按住鼠标左键并拖动到适当位置松开，确定胶囊的半径，然后向上或向下移动鼠标并单击，确定胶囊的高度，即可创建一个胶囊体，如图 2-28 所示。

### 七、纺锤

单击"纺锤"按钮，在顶视图中按住鼠标左键并拖动到适当位置松开，确定纺锤体的半径，接着移动鼠标并单击，确定纺锤体的高度，然后继续移动鼠标并单击，确定纺锤体的封口高度，即可创建一个纺锤体，如图 2-29 所示。

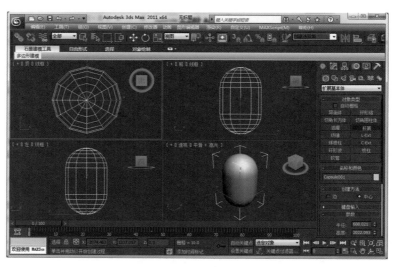

图 2-28　胶囊

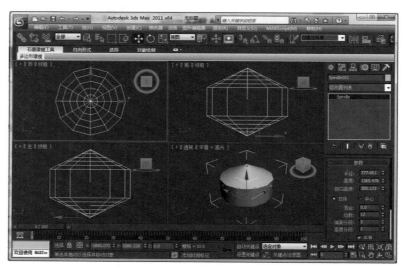

图 2-29　纺锤

## 八、L-Ext

单击"L-Ext"按钮，在顶视图中按住鼠标左键并拖动到适当位置松开，确定 L-Ext 的侧面长度和前面长度，移动鼠标并单击，确定 L-Ext 的高度，然后继续移动鼠标至适当位置单击，确定 L-Ext 的侧面宽度和前面宽度，即可创建一个 L-Ext，如图 2-30 所示。

其"参数"卷展栏中各选项参数的含义说明如下。

【侧面长度】用来设置侧面的长度。

【前面长度】用来设置前面的长度。

【侧面宽度】用来设置侧面的宽度。

【前面宽度】用来设置前面的宽度。

【高度】用来设置墙体的高度。

## 九、球棱柱

单击"球棱柱"按钮，在顶视图中按住鼠标左键并拖动，确定球棱柱半径，接着向上或向下拖动鼠标，确定球棱柱的高度，单击鼠标左键即可创建一个球棱柱，如图2-31所示。

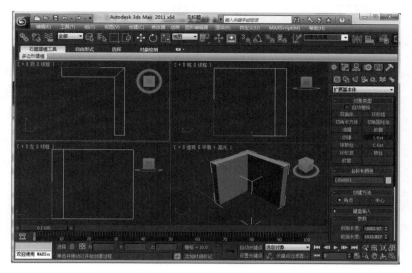

图2-30　L-Ext体

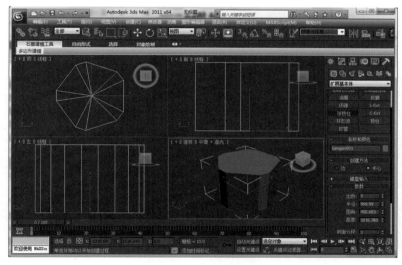

图2-31　球棱柱

其"参数"卷展栏中各选项参数的含义说明如下。

【边数】设置球棱柱的边数。

【半径】设置球棱柱底面的半径。

【圆角】设置球棱柱的倒角大小。

【高度】设置球棱柱的高度。

## 十、C-Ext

单击"C-Ext"按钮，在顶视图中按住鼠标左键并拖动到适当位置松开，确定C-Ext的背面长度、侧面长度和前面长度，移动鼠标并单击，确定C-Ext的高度，然后继续移动鼠标至适当位置单击，确定C-Ext的背面宽度、侧面宽度和前面宽度，即可创建一个C-Ext，如图2-32所示。

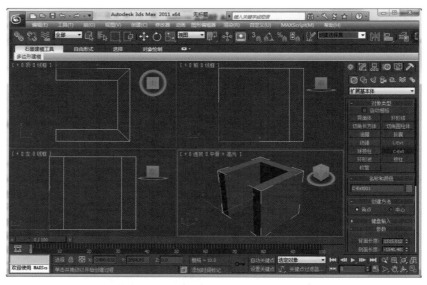

图 2-32　C-Ext 体

## 十一、环形波

单击"环形波"按钮，在顶视图中按住鼠标左键并拖动，确定环形波的半径，接着拖动鼠标并单击，确定环形波的环形宽度，即可创建一个环形波，如图 2-33 所示。

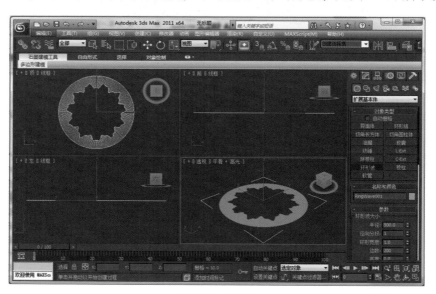

图 2-33　环形波

其"参数"卷展栏中各选项参数的含义说明如下。

【半径】用来设置环形波的外半径的大小。

【径向分段】用来设置环形波的分段数。

【环形宽度】用来设置环形波的宽度。

【边数】用来设置环形波的边数，边数越大，其外形越圆滑。

【高度】用来设置环形波的高度。

【高度分段】用来设置环形波的高度分段数。

## 十二、棱柱

单击"棱柱"按钮，在顶视图中按住鼠标左键并拖动，确定棱柱侧面 1 的长度，接着拖动鼠标并单击，确定棱柱侧面 2 和侧面 3 的长度，然后向上或向下拖动鼠标确定棱柱的高度，单击鼠标即可创建一个棱柱，如图 2-34 所示。

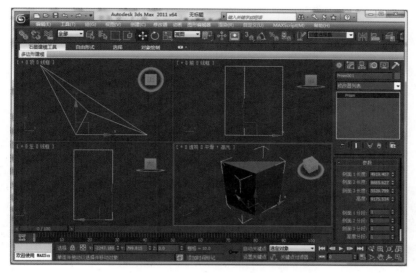

图 2-34 棱柱

## 十三、软管

单击"软管"按钮，在顶视图中按住鼠标左键并拖动，确定软管的直径，然后向上或向下拖动鼠标，确定软管的高度，单击鼠标即可创建一个软管，如图 2-35 所示。

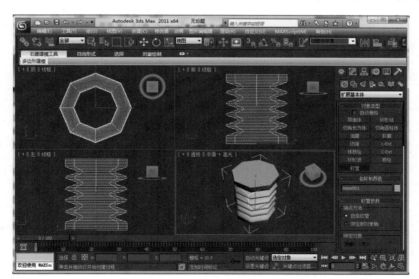

图 2-35 软管

## 第三节 创建其他三维物体

在 3ds Max 2011 中除了可以创建标准几何体和扩展几何体外，还可以创建其他三维对象，如门、窗、楼梯等。

## 一、门

单击"创建"按钮，进入创建命令面板，选择"标准基本体"下拉列表中的"门"选项，即可进入门创建命令面板，如图 2-36 所示。

### 1. 枢轴门

单击"枢轴门"按钮，在顶视图中按住鼠标左键并拖动，确定枢轴门的宽度，接着移动鼠标并单击，确定枢轴门的深度，然后继续移动鼠标并单击，确定枢轴门的高度，即可创建一扇枢轴门，如图 2-37 所示。

图 2-36 门创建命令面板

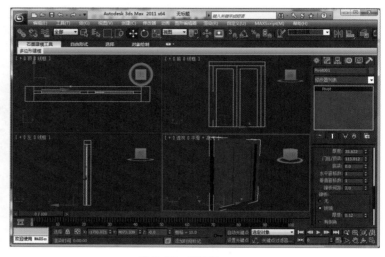

图 2-37 枢轴门

其"参数"卷展栏和"页扇参数"卷展栏如图 2-38 所示，下面对其中的各选项参数的含义进行说明。

【高度】用来设置门的高度。

【宽度】用来设置门的宽度。

【深度】用来设置门的深度。

【双门】选中该复选框，将创建双扇门。

【翻转转动方向】选中该复选框，将门扇进行镜像。

【打开】用来设置门打开的角度。

【门框】用来设置有关门框的参数。

【创建门框】选中该复选框，将创建门框。

【宽度】用来设置门框的宽度。

【深度】用来设置门框的深度。

【门偏移】用来设置门与门框之间的偏移距离。

图 2-38 "参数"和"页扇参数"卷展栏

【厚度】用来设置门扇的厚度。

【门桢／顶梁】用来设置门与上边门框之间的距离。

【水平窗格数】用来设置水平方向上板块的数量。

【垂直窗格数】用来设置垂直方向上板块的数量。

【玻璃】选中该单选按钮，将创建玻璃门板。

【有倒角】选中该单选按钮，将创建带倒角的门板。

### 2. 推拉门

单击"推拉门"按钮，在顶视图中按住鼠标左键并拖动，确定推拉门的宽度，接着移动鼠标并单击，确定推拉门的深度，然后继续移动鼠标并单击，确定推拉门的高度，即可创建一扇推拉门，如图 2-39 所示。

图 2-39　推拉门

其"参数"卷展栏和"页扇参数"卷展栏如图 2-40 所示，其中的参数设置和枢轴门的相同，这里就不再赘述。

### 3. 折叠门

单击"折叠门"按钮，在顶视图中按住鼠标左键并拖动，确定折叠门的宽度，接着移动鼠标并单击，确定折叠门的深度，然后继续移动鼠标并单击，确定折叠门的高度，即可创建一扇折叠门，如图 2-41 所示。

其"参数"卷展栏和"页扇参数"卷展栏如图 2-42 所示，其中的参数设置和枢轴门的相同，这里就不再赘述。

### 二、窗

单击"创建"按钮，进入创建命令面板，

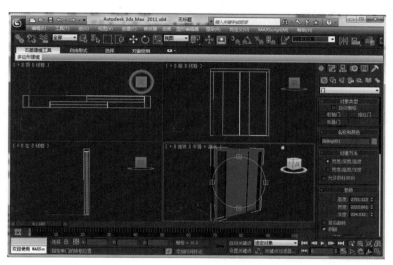

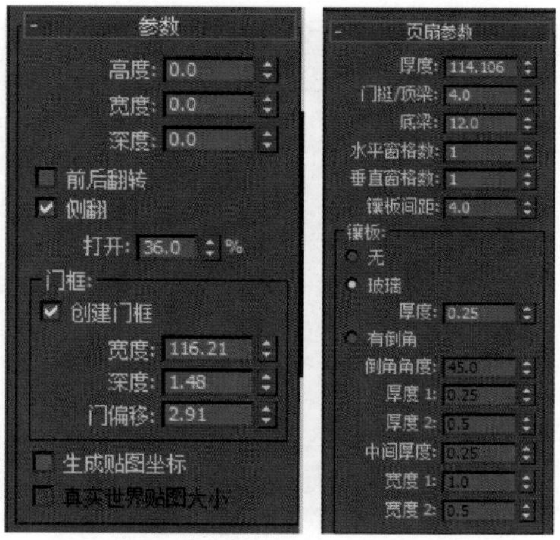

图 2-40　推拉门的"参数"和"页扇参数"卷展栏

选择"标准基本体"下拉列表中的选项，即可进入窗创建命令面板，如图 2-43 所示。

### 1. 遮篷式窗

单击"遮篷式窗"按钮，在顶视图中按住鼠标左键并拖动，确定遮篷式窗的宽度，接着移动鼠标并单击，确定遮篷式窗的深度，然后继续移动鼠标并单击，确定遮篷式窗的高度，即可创建一扇遮篷式窗，如图 2-44 所示。

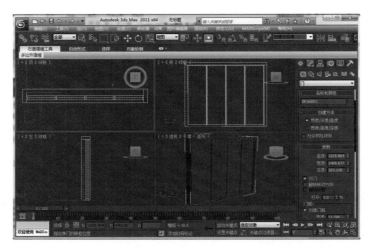

图 2-41 折叠门

图 2-42 折叠门的"参数"和"页扇参数"卷展栏　　图 2-43 窗创建命令板

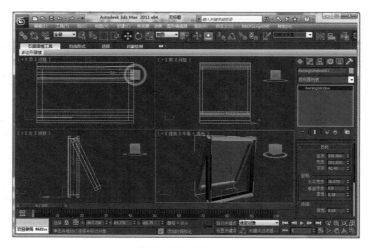

图 2-44 遮篷式窗

其"参数"卷展栏中各选项参数的含义说明如下。

【高度】用来设置窗的高度。

【宽度】用来设置窗的宽度。

【深度】用来设置窗的深度。

【窗框】用来设置有关窗框的参数，包括窗框的水平宽度、垂直宽度和厚度。

【玻璃】用来设置窗户玻璃的厚度。

【窗格】用来设置有关窗格的参数，包括宽度和窗格数。

【打开】用来设置窗户打开的角度。

### 2. 平开窗

单击"平开窗"按钮，在顶视图中按住鼠标左键并拖动，确定平开窗的宽度，接着移动鼠标并单击，确定平开窗的深度，然后继续移动鼠标并单击，确定平开窗的高度，即可创建一扇平开窗，如图 2-45 所示，其"参数"卷展栏中的参数和遮篷式窗相同，这里不再赘述。

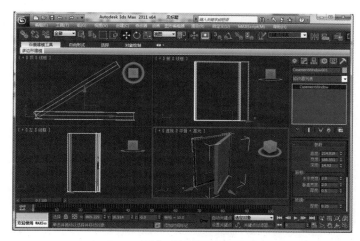

图 2-45　平开窗

### 3. 固定窗

单击"固定窗"按钮，在顶视图中按住鼠标左键并拖动，确定固定窗的宽度，接着移动鼠标并单击，确定固定窗的深度，然后继续移动鼠标并单击，确定固定窗的高度，即可创建一扇固定窗，如图 2-46 所示，其"参数"卷展栏中的参数和遮篷式窗相同，这里就不再赘述。

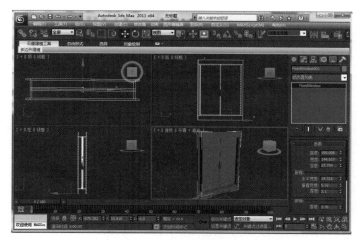

图 2-46　固定窗

【小贴士】用同样的方法可创建其他类型的窗户，在这里不一一介绍了，用户可以自己动手进行创建。

### 三、楼梯

单击"创建"按钮，进入创建命令面板，选择"标准基本体"下拉列表中的"楼梯"选项，即可进入楼梯创建命令面板，如图 2-47 所示。

图 2-47 楼梯创建命令面板

在该创建面板中共包括了 4 种不同类型的楼梯，分别为 L 型楼梯、U 型楼梯、直线楼梯和螺旋楼梯。下面将对其创建方法分别进行介绍。

#### 1. L 型楼梯

单击"L 型楼梯"按钮，在顶视图中单击并拖动鼠标，确定 L 型楼梯的长度 1，接着移动鼠标并单击，确定 L 型楼梯的长度 2 和偏移量，然后继续移动鼠标并单击，确定 L 型楼梯的总高，即可创建一个 L 型楼梯，如图 2-48 所示。

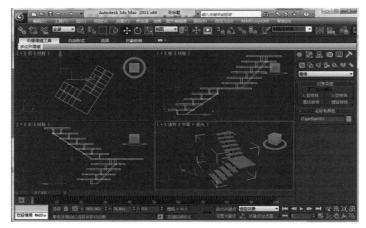

图 2-48 L 型楼梯

#### 2. U 型楼梯

单击"U 型楼梯"按钮，在顶视图中单击并拖动鼠标，确定 U 型楼梯的长度，接着拖动鼠标并单击鼠标左键，确定 U 型楼梯的偏移量，然后继续拖动鼠标并单击鼠标左键，确定 U 型楼梯的总高，即可创建一个 U 型楼梯，如图 2-49 所示。

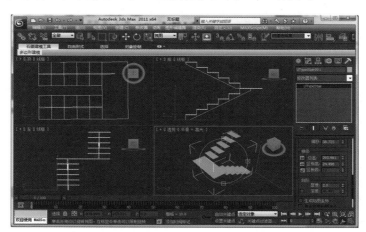

图 2-49 U 型楼梯

用同样的方法，用户可创建直线楼梯和螺旋楼梯，如图 2-50、图 2-51 所示。

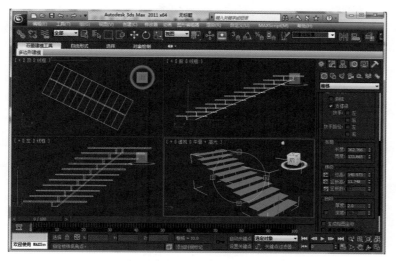

图 2-50　直线楼梯

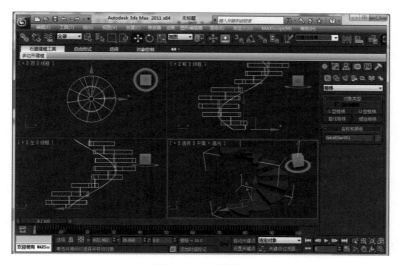

图 2-51　螺旋楼梯

# 第四节　案例分析与制作

本节综合本章所学知识，制作一个单人沙发和一张电脑桌，具体方法如下。

## 一、制作单人沙发

(1) 选择"文件"→"重置"命令，重新设置系统。

(2) 单击"创建"按钮，进入创建命令面板。单击"几何体"按钮，进入几何体创建命令面板，选择"标准基本体"下拉列表中的"扩展基本体"选项，进入扩展几何体创建命令面板。单击其中的"切角长方体"按钮，在顶视窗口中创建一个切角长方体，命名为"ChamferBox001"，参数值如图 2-52 所示。

(3) 在前视窗口或者左视窗口中，沿着 Y 轴复制该物体，系统自动命名为"ChamferBox002"，摆放位置如图 2-53 所示。

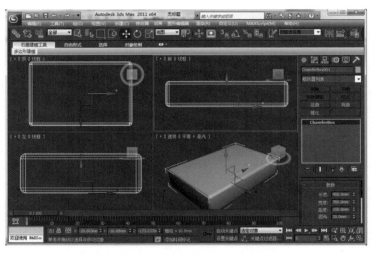

图 2-52　"ChamferBox001" 的参数值

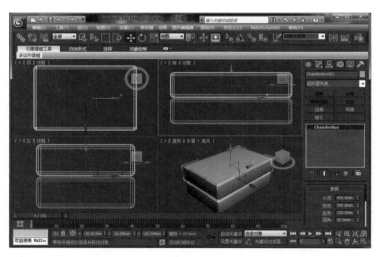

图 2-53　"ChamferBox002" 的摆放位置

(4) 单击"切角长方体"按钮，在左视窗口中创建另一个切角长方体，命名为"ChamferBox003"，参数值如图 2-54 所示。

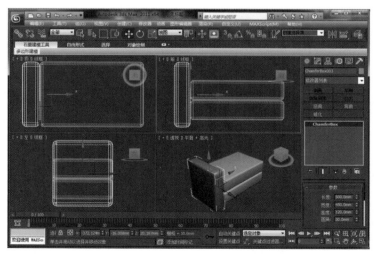

图 2-54　"ChamferBox003" 的参数值

（5）在顶视窗口或者前视窗口中，沿着 X 轴复制该物体。系统自动命名为"ChamferBox004"，摆放位置如图 2-55 所示。

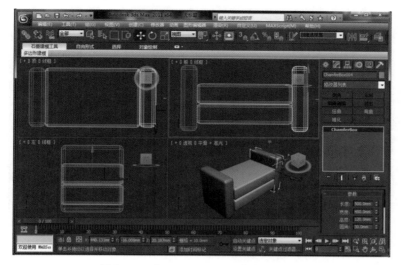

图 2-55　"ChamferBox004"的摆放位置

（6）单击"切角长方体"按钮，在前视窗口中创建下一个切角长方体，命名为"ChamferBox005"，参数值如图 2-56 所示。

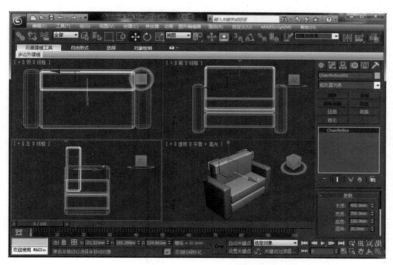

图 2-56　"ChamferBox005"的参数值

（7）单击工具栏中的"选择并旋转"按钮，调整其位置，最终效果如图 2-57 所示。

### 二、制作电脑桌

（1）选择"文件"→"重置"命令，重新设置系统。

（2）单击"创建"按钮，进入创建命令面板。单击"几何体"按钮，进入几何体创建命令面板。单击"长方体"按钮，在视图中创建一个长方体，命名为"Box001"，如图 2-58 所示。

（3）选择"标准基本体"下拉列表中的"扩展基本体"选项，进入扩展几何体创建命令面板。单击其中的"切角长方体"按钮，在视图中创建一个切角长方体，并命名为"ChamferBox001"，然后将长方体"Box001"移动至如图 2-59 所示的位置。

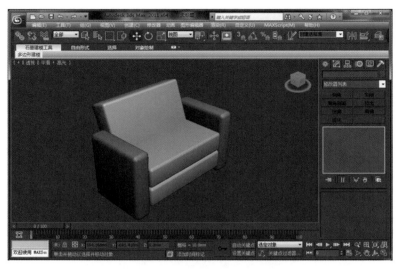

图 2-57　沙发效果图

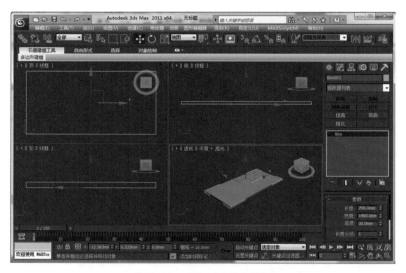

图 2-58　"Box001"几何体

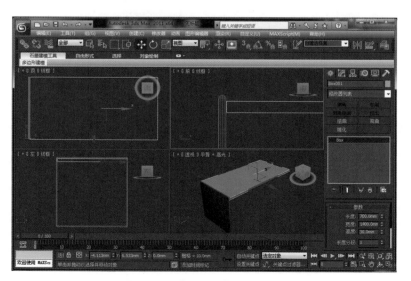

图 2-59　"Box001"的摆放位置

(4) 在前视图中选择切角长方体"ChamferBox001"，单击工具栏中的"选择并移动"按钮，在按住"Shift"键的同时锁定 Y 轴向右移动切角长方体，将其复制一次，并命名为"ChamferBox002"，如图 2-60 所示。

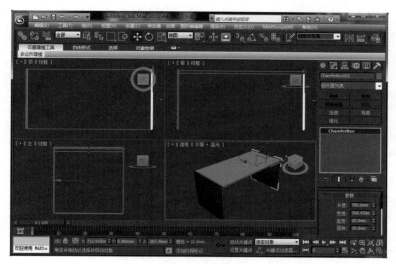

图 2-60　"ChamferBox002"几何体

(5) 选择"扩展基本体"下拉列表中的"标准基本体"选项，进入标准几何体创建命令面板。单击其中的"长方体"按钮，在顶视图中创建一个长方体，并命名为"Box002"，然后将其移动至如图 2-61 所示的位置。

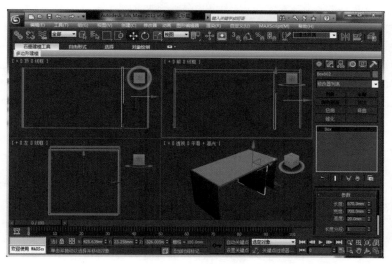

图 2-61　"Box002"的摆放位置

(6) 单击工具栏中的"选择并移动"按钮，按住"Shift"键的同时在前视图中锁定 Y 轴向右移动长方体"Box002"，将其复制一次，如图 2-62 所示。

(7) 单击"长方体"按钮，在顶视图中创建一个长方体，命名为"Box004"，并将其移动至图 2-63 所示的位置。

(8) 将长方体"Box004"复制 3 次，并调整它们的位置，如图 2-64 所示。

(9) 单击"长方体"按钮，在前视图中创建 3 个长方体，如图 2-65 所示。

(10) 用同样的方法创建两个长方体，即可完成电脑桌的建模，如图 2-66 所示。

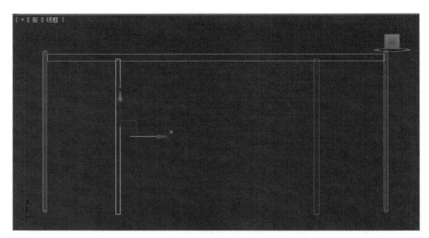

图 2-62　复制"Box002"

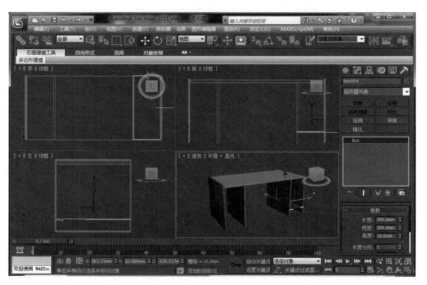

图 2-63　"Box004"几何体

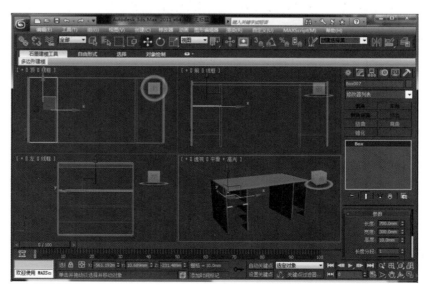

图 2-64　"Box004"复制体的摆放位置

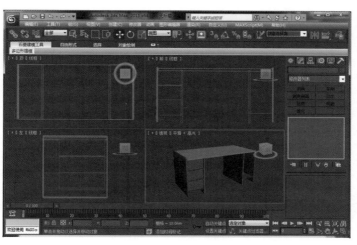

图 2-65 创建 3 个长方体

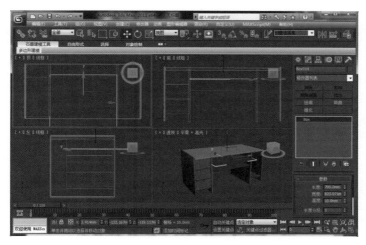

图 2-66 创建活动板

(11) 统一颜色后，单击工具箱中的"快速渲染"按钮 ，最终效果如图 2-67 所示。

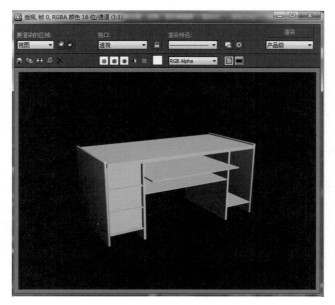

图 2-67 电脑桌效果图

# 本 / 章 / 小 / 结

　　本章主要讲述了三维物体的创建方法。通过本章的学习，用户应掌握标准几何体、扩展几何体以及门、窗、楼梯的创建方法，并能够使用这些三维物体进行简单的建模。

# 思考与练习

1. 在 3ds Max 2011 中的标准基本体包括长方体、圆柱体、球体、_____、_____、_____、_____、_____、_____ 和 _____10 种。

2. 软管包括圆形软管、长方形软管和 _____ 软管。

3. 下列选项中不属于标准基本体的是（　　）。

　　A. 球体　　　　　　　　　　B. 锥体

　　C. 倒角长方体　　　　　　　D. 平面

4. 下列选项中不属于扩展基本体的是（      ）。

    A. 圆环                        B. 切角长方体

    C. 切角圆柱体            D. 环形波

5. 绘制如图 2-68、图 2-69 所示模型。

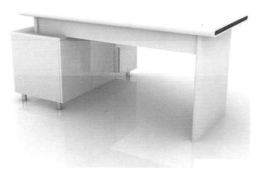

图 2-68  电脑桌实例            图 2-69  推拉门实例

# 第三章

# 三维修改命令

## 章节导读

本章主要讲解三维物体的常用修改命令，创建对象后，用户可在修改命令面板中添加修改命令并对对象进行修改，添加后的修改命令将在修改堆栈中出现，用户可对其进行管理。

通过本章学习应掌握以下内容：

■ 修改堆栈的使用；

■ 弯曲命令；

■ 编辑网格；

■ FFD（自由变形）。

## 第一节　修改堆栈的使用

### 一、修改堆栈

单击"修改"按钮，进入修改命令面板，用户可选择"修改器列表"下拉列表中的修改命令并对对象进行修改，可使用剪切、复制、粘贴和删除命令。此时，修改堆栈如图 3-1 所示。

### 二、修改堆栈控制工具

锁定堆栈：锁定当前选择对象的堆栈记录信息，当选择其他对象时，堆栈中仍然记录原对象的修改信息。

显示最终结果开关：显示对象修改后的最终结果，忽略当前在堆栈中所选择的修改命令。

使唯一：使实例化对象成为唯一，或者使实例化修改命令对于选定对象是唯一的。

图 3-1　修改堆栈初始

【小贴士】当同时选择多个物体加入某一修改命令时，该命令会影响所有物体。而使用该按钮，将去除多个对象间的修改关联性。

从堆栈中移除修改器：从修改器堆栈中删除被选中的修改命令。

配置修改器集：单击此按钮，弹出如图 3-2 所示的下拉菜单，在此下拉菜单中用户可以设置修改命令在修改面板中的显示方式。

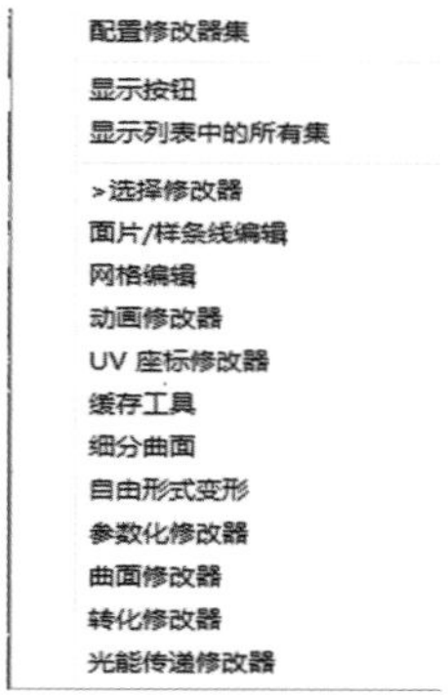

【配置修改器集】选择该命令将弹出"配置修改器集"对话框，在该对话框中可以自定义修改命令集。

【显示按钮】选择该命令可以在修改命令面板中显示当前的修改命令集按钮。

【显示列表中的所有集】选择该命令将使"修改器"下拉列表中的所有命令分类显示。

图 3-2 "配置修改器集"下拉菜单

### 三、修改堆栈右键菜单

通过修改堆栈右键菜单中的命令可以对修改命令进行一系列的操作，合理地运用这些命令能够避免作品创建过程中不必要的麻烦，在所创建的物体的修改命令上单击鼠标右键，弹出的菜单如图 3-3 所示。

【可编辑网格】将物体转化为可编辑网格对象。

【可编辑面片】将物体转化为可编辑面片对象。

【可编辑多边形】将物体转化为可编辑多边形对象。

【NURBS】将物体转化为 NURBS 曲线对象。

【显示所有子树】显示堆栈中所有修改命令的子层级。

【隐藏所有子树】隐藏堆栈中所有修改命令的子层级。

图 3-3 修改命令菜单

## 第二节 标准修改命令的使用

在对对象进行修改时，常用到的标准修改命令包括弯曲、锥化、扭曲、编辑网格、FFD(自由变形)和噪波等。下面将分别进行介绍。

### 一、弯曲

弯曲修改命令用于对物体进行弯曲处理，通过对弯曲角度、方向以及弯曲轴进行调整，可得到不同的弯曲效果，下面以弯曲圆柱体为例进行介绍。

(1) 选择"文件"→"重置"命令，重新设置系统。

(2) 单击"创建"按钮，进入创建命令面板。单击"几何体"按钮，进入几何体创建命令面板，单击"圆柱体"按钮，在视图中创建一个圆柱体，如图 3-4 所示。

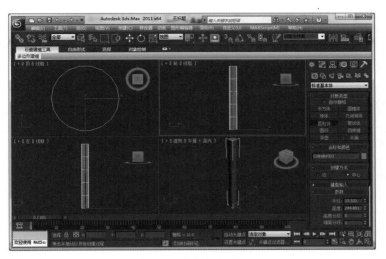

图 3-4　圆柱体（一）

（3）单击"修改"按钮，进入修改命令面板，选择"修改器列表"下拉列表中的"弯曲"命令，并在"参数"卷展栏中设置弯曲的"角度"为 90°，效果如图 3-5 所示。

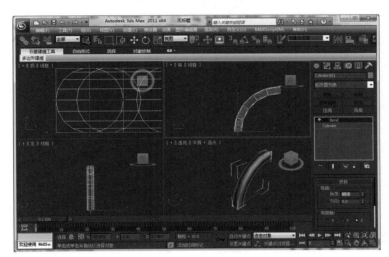

图 3-5　圆柱体弯曲 90°

【角度】设置物体沿轴向面的弯曲角度。

【方向】设置物体沿轴向面的弯曲方向。

【弯曲轴】设置物体的弯曲方向轴。

【限制效果】选中此复选框后可设置物体的弯曲范围。

【上限】设置物体的弯曲上限。

【下限】设置物体的弯曲下限。

（4）选中"限制效果"复选框，会发现圆柱体倒下，将其"上限"设置为 50，此时圆柱体从最底部的 1/2 处产生弯曲，效果如图 3-6 所示。

【小贴士】上限和下限以"0"为分界，上限内只能输入正值，下限内只能输入负值。在视图中显示为两个黄色方框。

（5）单击"Bend"中的"+"号，弹出其下拉列表，选择"中心"选项，然后使用移动工具在前视图中锁定 Y 轴向上移动弯曲中心，效果如图 3-7 所示。

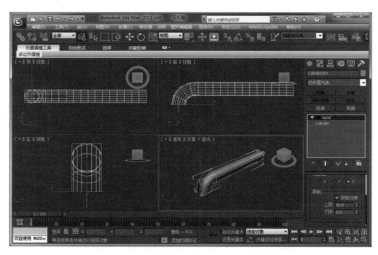

图 3-6　限制效果下的弯曲

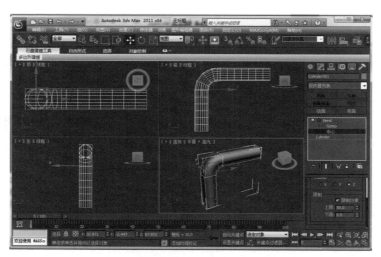

图 3-7　Bend 的中心效果

Sub-Object
可 以 调 节
Gizmo 和 中
心的位置。

　　(6) 保持其他参数不变，单击"Bend"中的"+"号，弹出其下拉列表，选择"Gizmo"
选项，然后使用移动工具在视图中移动 Gizmo，效果如图 3-8 所示。

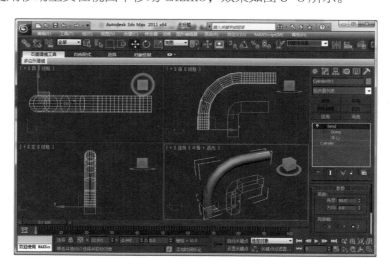

图 3-8　Bend 的 Gizmo 效果

### 二、锥化

锥化命令通过缩放物体的两端而使物体产生锥化变形，同时可以加入光滑的曲线轮廓。下面以锥化圆柱体为例进行介绍。

(1) 选择"文件"→"重置"命令，重新设置系统。

(2) 单击"创建"按钮，进入创建命令面板。单击"几何体"按钮，进入几何体创建命令面板。单击"圆柱体"按钮，在视图中创建一个圆柱体，如图 3-9 所示。

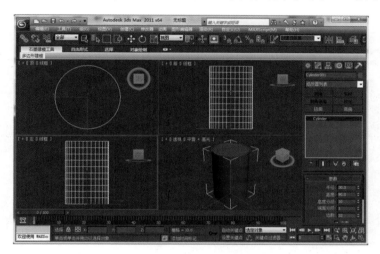

图 3-9　圆柱体（二）

(3) 单击"修改"按钮，进入修改命令面板，选择"修改器列表"下拉列表中的"锥化"命令，并在"参数"卷展栏中的"锥化"参数设置区中将锥化的数量值设置为 0.8，效果如图 3-10 所示。

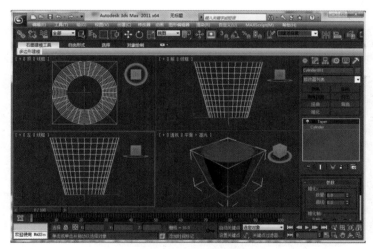

图 3-10　圆柱体（二）锥化效果

【数量】设置锥化效果的程度，值可在 − 10.0 ~ 10.0 之间设定。

【曲线】设置锥化曲线的弯曲程度，值可在 − 10.0 ~ 10.0 之间设定。

【主轴】设置锥化的轴向，有"X"、"Y"、"Z" 3 个单选按钮，默认选中"Z"单选按钮。

【效果】设置锥化效果的轴向，有"X"、"Y"、"XY" 3 个单选按钮，默认选中

"XY"单选按钮。

【对称】选中此复选框后物体的锥化效果将是对称的。

【限制效果】选中此复选框后可设置物体的锥化范围。

【上限】设置物体的锥化上限。

【下限】设置物体的锥化下限。

(4) 在"限制"参数设置区中选中"限制效果"复选框，设置"上限"值为 30，"下限"值为 -30，效果如图 3-11 所示。

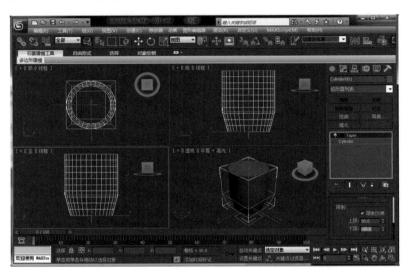

图 3-11　对锥化进行限制

(5) 单击"Taper"中的"+"号，弹出其下拉列表，选择"中心"选项，然后在前视图中锁定 Y 轴向上移动锥化中心，效果如图 3-12 所示。

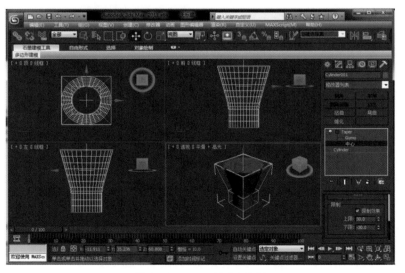

图 3-12　Taper 的中心效果

### 三、扭曲

扭曲修改命令可沿一定的轴向扭曲物体的表面顶点，从而使物体产生螺旋效果，下面以长方体为例进行介绍。

(1) 选择"文件"→"重置"命令,重新设置系统。

(2) 单击"创建"按钮,进入创建命令面板。单击"图形"按钮 ,进入图形创建命令面板。单击"长方体"按钮,在顶视图中创建一个长方体,如图 3-13 所示。

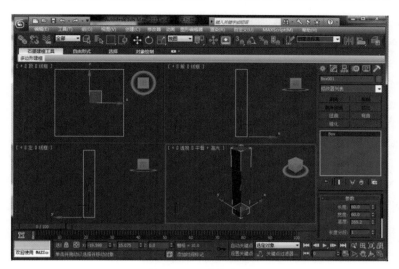

图 3-13 长方体(一)

(3) 单击"修改"按钮,进入修改命令面板。选择"修改器列表"下拉列表中的"扭曲"命令,并在"参数"卷展栏中设置扭曲的"角度"为 90°,效果如图 3-14 所示。

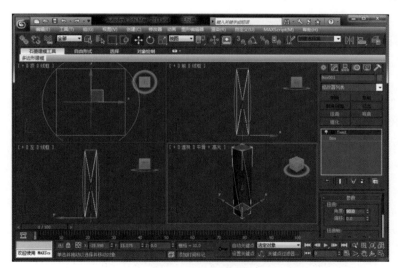

图 3-14 扭曲 90° 的效果

【角度】设置物体沿轴向扭曲的角度。

【偏移】设置扭曲的偏移量,参数值为 0 时扭曲效果在模型上均匀分布,增大该参数值会使扭曲偏向上方。

【扭曲轴】设置物体扭曲的轴向。有"X"、"Y"、"Z"3 个单选按钮,默认选中"Z"单选按钮。

【限制效果】选中此复选框后可设置物体的扭曲范围。

【上限】设置物体的扭曲上限。

【下限】设置物体的扭曲下限。

(4) 在"限制"参数设置区中选中"限制效果"复选框，设置"上限"的值为 120，则长方体从底部开始到高度为 120 的位置产生扭曲，其他部分不产生扭曲，效果如图 3-15 所示。

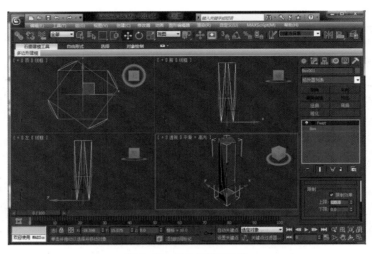

图 3-15　扭曲的限制效果

## 四、编辑网格

编辑网格修改命令可以对物体的一个组成部分进行编辑修改，如物体的顶点、边、面、多边形以及元素。下面结合实例对其进行介绍。

(1) 选择"文件"→"重置"命令，重新设置系统。

(2) 单击"创建"按钮，进入创建命令面板。单击"几何体"按钮，进入几何体创建命令面板，单击"长方体"按钮，在视图中创建一个长方体。

(3) 单击"修改"按钮，进入修改命令面板，选择"修改器列表"下拉列表中的"编辑网格"命令，即可进入编辑网格修改命令面板。

(4) 单击"编辑网格"卷展栏中的"顶点"按钮，进入顶点编辑状态，在视图中选择一个顶点，然后单击"编辑几何体"卷展栏中的"切角"按钮，对选择的顶点进行切角处理，效果如图 3-16 所示。

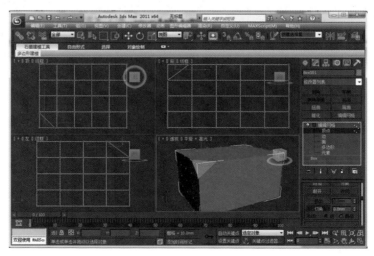

图 3-16　长方体切角效果

(5) 单击"编辑网格"卷展栏中的"多边形"按钮 ，在视图中选择如图 3-17 所示的多边形面。

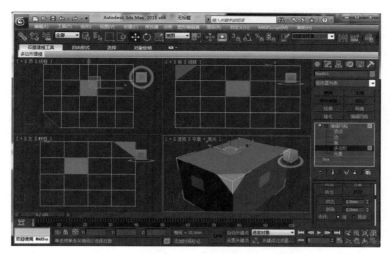

图 3-17　选择"编辑网格"卷展栏中"多边形"按钮

(6) 在"编辑几何体"卷展栏中的"挤出"按钮后的微调框中输入一些数值，然后单击"挤出"按钮，效果如图 3-18 所示。

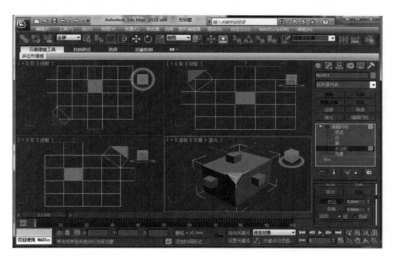

图 3-18　挤出后的效果

(7) 在"编辑几何体"卷展栏中的"倒角"按钮后的微调框中输入负值，然后单击"倒角"按钮，效果如图 3-19 所示。

### 五、FFD（自由变形）

FFD（自由变形）命令可以为对象添加一个由控制点组成的线框，通过调整其控制点可以改变对象的形状，在修改命令面板中的"修改器列表"下拉列表中包括 FFD 2×2×2，FFD 3×3×3，FFD 4×4×4，FFD（长方体）和 FFD（圆柱体）5 个自由变形命令，下面以 FFD（长方体）命令为例进行介绍。

(1) 选择"文件"→"重置"命令，重新设置系统。

(2) 单击"几何体"按钮，进入几何体创建命令面板，单击"长方体"按钮，在顶视图中创建一个长方体，如图 3-20 所示。

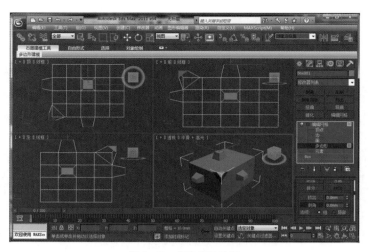

图 3-19　倒角后的效果

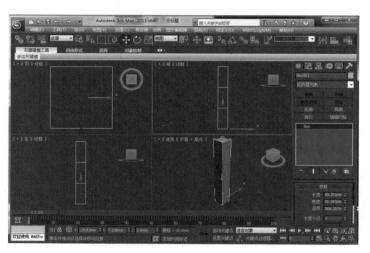

图 3-20　长方体（二）

(3) 选择"修改器列表"下拉列表中的"FFD(长方体)"命令,在修改堆栈中单击"FFD(长方体)4×4×4"中的"+"号,弹出其下拉列表,选择"控制点"选项,然后单击工具栏中的"选择并移动"按钮,在前视图中调整自由变形的控制点,效果如图 3-21 所示。

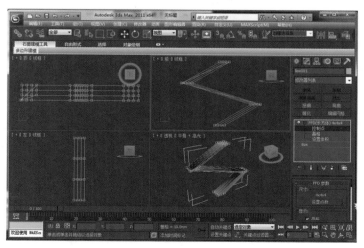

图 3-21　用 FFD 命令修改

(4) 在修改堆栈中选择"Box"选项，然后设置长方体的"高度分段"为 40，此时长方体变形效果显得更加平滑，效果如图 3-22 所示。

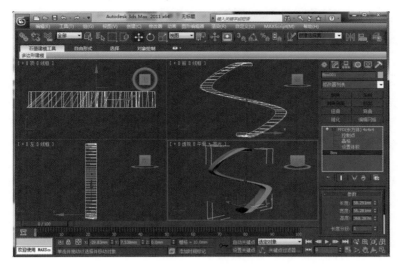

图 3-22　高度分段为 40 时的效果

## 六、噪波

噪波修改命令使物体表面产生随机的不规则的变形效果，下面以平面为例来讲述噪波修改命令的使用方法。

(1) 选择"文件"→"重置"命令，重新设置系统。

(2) 单击"几何体"按钮，进入几何体创建命令面板。单击"平面"按钮，在顶视图中创建一个平面，如图 3-23 所示。

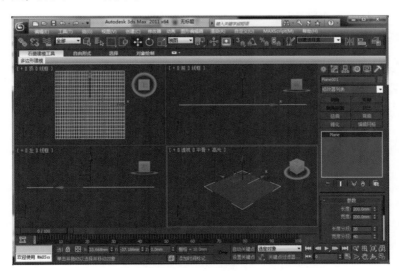

图 3-23　平面

(3) 单击"修改"按钮 ，进入修改命令面板。选择"修改器列表"下拉列表中的"噪波"命令，在"噪波"设置区中设置"种子"为 4，选中"分形"复选框；在"强度"设置区中设置"Z"为 40，效果如图 3-24 所示。

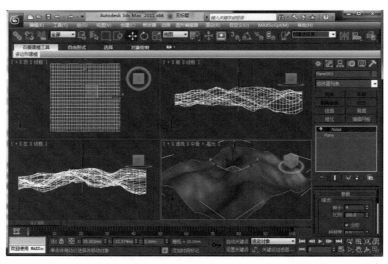

图 3-24    平面的噪波效果

【种子】设置噪波产生的数目。

【比例】设置噪波影响效果的大小，设定的值越大，影响效果越平缓；值越小，影响效果越剧烈。

【分形】选中此复选框后噪波效果更加明显，将激活"粗糙度"和"迭代次数"的微调框。

【粗糙度】设置物体表面起伏的程度。

【迭代次数】设置噪波效果叠加的次数。

【强度】设置噪波在物体的 X、Y、Z 三个轴向上的效果。

【动画】设置噪波的动画效果。

【动画噪波】选中此复选框可使噪波效果动态化。

【频率】设置噪波在物体上作用效果的速度。

【相位】设置噪波效果的动态相位。

# 第三节    案例分析与制作

本节结合本章所学知识制作一把螺丝刀，具体制作方法如下。

(1) 选择"文件"→"重置"命令，重新设置系统。

(2) 单击"创建"按钮    ，进入创建命令面板。单击"几何体"按钮，进入几何体创建命令面板，选择"标准基本体"下拉列表中的"扩展基本体"选项，进入扩展几何体创建命令面板。

(3) 单击"球棱柱"按钮，在视图中创建一个球棱柱，如图 3-25 所示。

(4) 单击"修改"按钮，进入修改命令面板，选择"修改器列表"下拉列表中的"锥化"命令，设置锥化参数后，效果如图 3-26 所示。

(5) 选择"修改器列表"下拉列表中的"编辑网格"命令，单击"选择"卷展栏中的"顶点"按钮，进入顶点编辑状态。在前视图中选择如图 3-27 所示的顶点，然后单击工具栏中的"选择并均匀缩放"按钮，对其进行缩放，效果如图 3-28 所示。

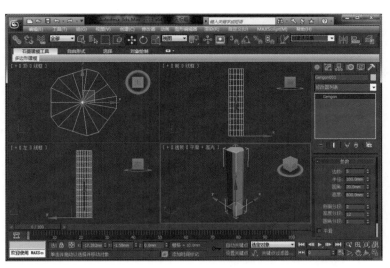

图 3-25 "螺丝刀"手柄(一)

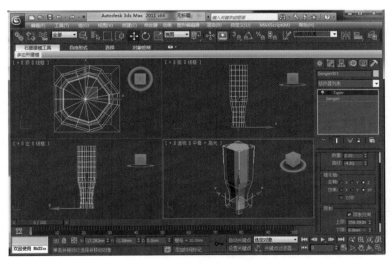

图 3-26 "螺丝刀"手柄(二)

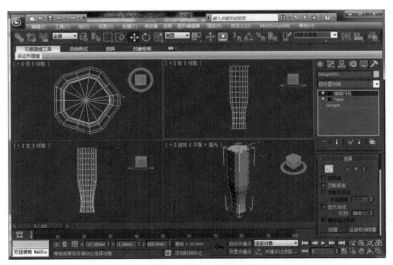

图 3-27 "螺丝刀"手柄(三)

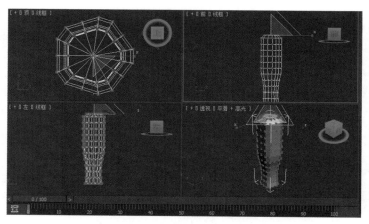

图 3-28　"螺丝刀"手柄(四)

(6) 单击"创建"按钮，进入创建命令面板。单击"图形"按钮，进入图形创建命令面板。单击"多边形"按钮，在顶视图中创建一个六边形，如图 3-29 所示。

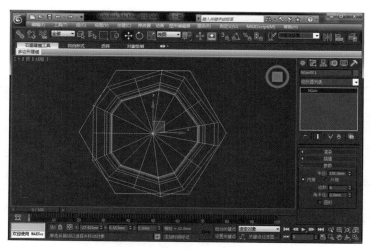

图 3-29　"螺丝刀"手柄(五)

(7) 单击"修改"按钮，进入修改命令面板，选择"修改器列表"下拉列表中的"倒角"命令，设置倒角参数，效果如图 3-30 所示。

图 3-30　"螺丝刀"手柄(六)

（8）单击工具栏中的"对齐"按钮，在视图中拾取球棱柱，将其对齐，如图 3-31 所示。

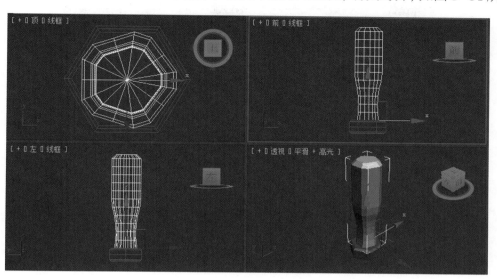

图 3-31 "螺丝刀"手柄（七）

（9）单击"创建"按钮，进入创建命令面板。单击"几何体"按钮，进入几何体创建命令面板，选择"扩展基本体"下拉列表中的"标准基本体"选项。单击"圆柱体"按钮，在视图中创建一个圆柱体，如图 3-32 所示。

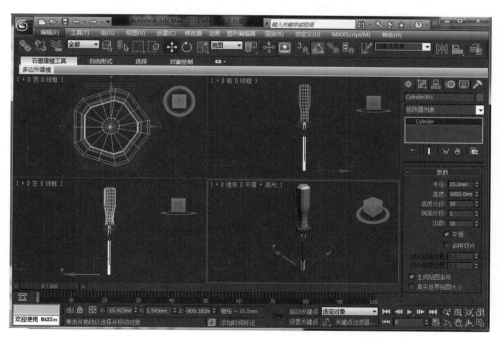

图 3-32 "螺丝刀"刀身（一）

（10）单击"修改"按钮，进入修改命令面板，选择"修改器列表"下拉列表中的"编辑网格"命令。单击"选择"卷展栏中的"顶点"按钮，进入顶点编辑状态，在视图中对其顶点进行编辑，效果如图 3-33 所示。

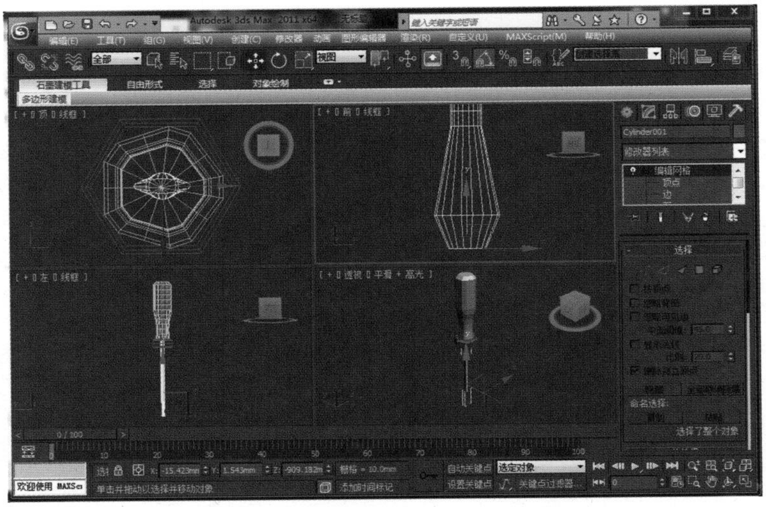

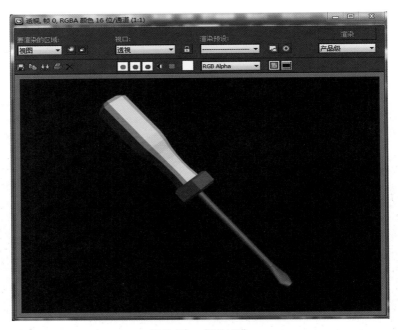

图 3-33　"螺丝刀"刀身（二）

(11) 单击工具栏中的"快速渲染"按钮，效果如图 3-34 所示。

图 3-34　"螺丝刀"

## 本 / 章 / 小 / 结

　　本章主要介绍了三维修改命令的使用。通过本章的学习，用户应掌握修改堆栈以及弯曲、锥化、扭曲等三维修改命令的使用方法，并能够使用这些修改命令对所创建的模型进行比较复杂的修改，使其更加完美。

# 思考与练习

1. 在修改堆栈中用户可对修改命令进行剪切、复制、＿＿＿＿ 和 ＿＿＿＿ 等操作。

2. ＿＿＿＿ 修改命令通过缩放物体的两端而使物体产生锥化变形，同时可以加入光滑的曲线轮廓。

3.（　　）修改命令用于对物体进行弯曲处理，通过对弯曲角度、方向以及弯曲的轴进行调整，可得到不同的弯曲效果。

    A. 扭曲　　　　　　　　　　B. 噪波

    C. 锥化　　　　　　　　　　D. 弯曲

4.（　　）修改命令使物体表面产生随机的不规则变形效果。

    A. 自由变形　　　　　　　　B. 扭曲

    C. 锥化　　　　　　　　　　D. 噪波

5. 绘制如图 3-35 ～图 3-38 所示的模型。

图 3-35　办公桌

图 3-36　木桌

图 3-37　圆凳

图 3-38　隔断

# 第四章

# 二维图形的创建和修改

**章节导读**

在 3ds Max 2011 中除了提供的三维物体的创建命令外，还提供了一些基本二维图形的创建命令。二维图形在 3ds Max 2011 中起着非常重要的作用，可通过二维修改命令将它们转换成复杂的三维实体。

通过本章学习应掌握以下内容：

■ 二维图形的创建；

■ 编辑样条线；

■ 车削、挤出、倒角的使用。

## 第一节　二维图形的创建

单击"创建"按钮，进入创建命令面板，单击"图形"按钮，即可进入图形创建命令面板，其中包括了 11 种创建二维图形的命令，分别为线、矩形、圆、椭圆、弧、圆环、多边形、星形、文本、螺旋线和截面，如图 4-1 所示。

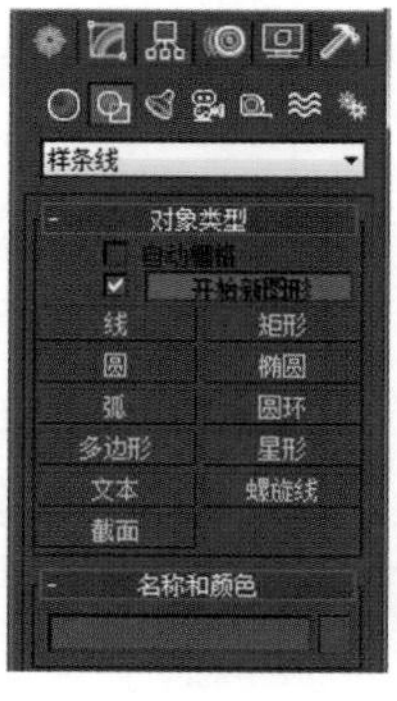

### 一、样条线

样条线是二维造型中最基础的一类，也是最富于变化的一类，它是由许多顶点和直线连接的线段集合，通过调整它的顶点，可以改变它的形状。下面介绍开放曲线和闭合曲线的创建方法。

图 4-1　图形创建命令面板

### 1. 创建开放曲线

单击"线"按钮，进入线创建命令面板。在视图中单击鼠标左键确定曲线的起点，移动鼠标到另一位置并单击，确定曲线的第二点，继续移动鼠标并单击可创建其他点，单击鼠标右键结束曲线的创建。创建的开放曲线如图 4-2 所示，下面对其中的参数进行说明。

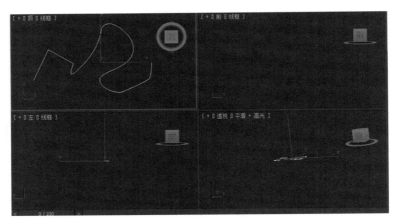

图 4-2　开放曲线图例

(1) 通过"名称和颜色"卷展栏为物体设置名称和颜色，如图 4-3 所示。

①"Line001"：用来设置名称，在该文本框中可直接输入名称，系统默认为"Line001"。

② ■：用来设置曲线颜色，单击此按钮，弹出"对象颜色"对话框，在其中可选择合适的颜色，如图 4-4 所示。

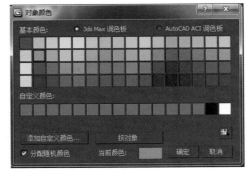

图 4-3　"名称和颜色"卷展栏

图 4-4　"对象颜色"对话框

(2) "渲染"卷展栏如图 4-5 所示。

【厚度】用来设置线的厚度。

【边】用来设置线的边数。

【角度】用来调整线的角度。

【生成贴图坐标】选中该复选框，可在视图中创建贴图坐标。

(3) "插值"卷展栏如图 4-6 所示。

【步数】用来设置曲线的起点与终点之间由多少直线片段构成，数值越大，曲线越光滑。

【优化】选中该复选框，系统将自动检查并删除曲线上多余的片段。

【自适应】选中该复选框，系统将自动设置直线片段数。

(4) "创建方法"卷展栏如图 4-7 所示。

【初始类型】用来设置曲线起点的状态。

【角点】选中该单选按钮，将创建直线。

【平滑】选中该单选按钮，将创建曲线。

图 4-5　"渲染"卷展栏

图 4-6　"插值"卷展栏

【拖动类型】用来设置拖动鼠标时引出的线的类型，包括"角点"、"平滑"、"Bezier"3种类型。

(5) "键盘输入"卷展栏如图 4-8 所示。

图 4-7　"创建方法"卷展栏

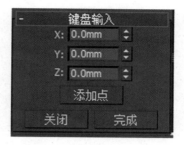

图 4-8　"键盘输入"卷展栏

【X】以键盘输入方式确定添加的点在 X 轴方向的位置。

【Y】以键盘输入方式确定添加的点在 Y 轴方向的位置。

【Z】以键盘输入方式确定添加的点在 Z 轴方向的位置。

【添加点】单击该按钮，可在图形上增加点。

【关闭】单击该按钮，关闭键盘输入方式。

【完成】单击该按钮，完成键盘输入方式。

### 2. 创建闭合曲线

创建闭合曲线和创建开放曲线的方法类似，唯一的区别就是创建曲线后不是单击鼠标右键结束，而是将鼠标指针移动至曲线的起始点位置，然后单击鼠标左键，弹出"样条线"对话框，如图 4-9 所示。

单击"是"按钮，即可创建闭合曲线，效果如图 4-10 所示。

图 4-9　"样条线"对话框

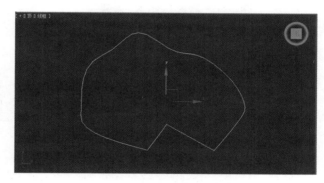

图 4-10　闭合曲线实例

【小贴士】线的创建方法有单击、拖动两类。在默认的情况下，二维图形不能被渲染（渲染是不可见的）。如果想将二维图形进行渲染，可以在"渲染"对话框中进行勾选。在渲染中启用：可以在渲染时显示出线条。在视口中启用：可以在视口中显示出线条的实际粗细。

## 二、矩形

单击"矩形"按钮，在前视图中按住鼠标左键并拖动，到适当位置后松开鼠标，即可

按"Ctrl"键可以创建正方形。

创建一个矩形，如图 4-11 所示，下面对其中的参数进行说明。

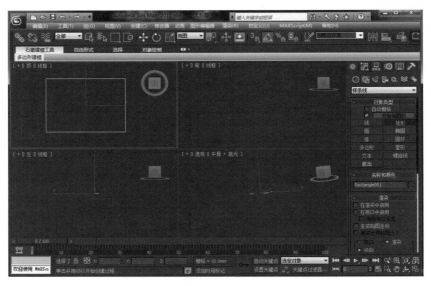

图 4-11　矩形框线实例

(1)"创建方法"卷展栏如图 4-12 所示。

【边】选中该单选按钮，以鼠标指针的位置为矩形的起始点创建矩形。

【中心】选中该单选按钮，以鼠标指针的位置为矩形的中心点创建矩形。

(2)"参数"卷展栏如图 4-13 所示。

图 4-12　"创建方法"卷展栏

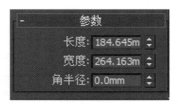

图 4-13　"参数"卷展栏

【长度】用来设置矩形的长度。

【宽度】用来设置矩形的宽度。

【角半径】用来设置矩形的边角半径，设置"角半径"为一定数值时，效果如图 4-14 所示。

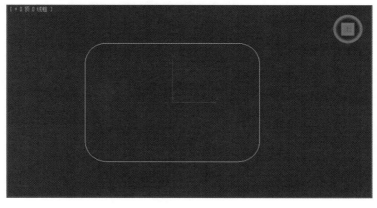

图 4-14　圆角矩形实例

### 三、圆

单击"圆"按钮，在前视图中按住鼠标左键并拖动，到适当位置后松开鼠标，即可创建出一个圆，如图 4-15 所示。

圆形是由一条闭合的样条曲线构成的平面图形。

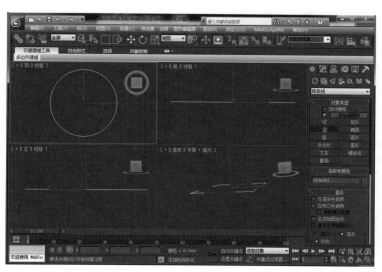

图 4-15　圆形实例

### 四、椭圆

单击"椭圆"按钮，在前视图中按住鼠标左键并拖动，到适当位置后松开鼠标，即可创建一个椭圆，如图 4-16 所示。

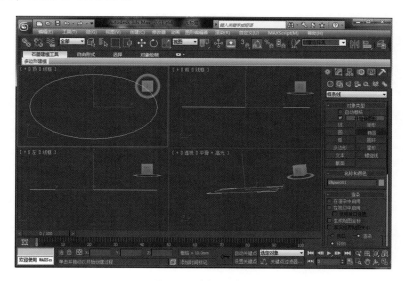

图 4-16　椭圆形实例

其"参数"卷展栏中包括两个参数，含义说明如下。

【长度】设置椭圆的长度。椭圆沿局部 Y 轴的大小。

【宽度】设置椭圆的宽度。椭圆沿局部 X 轴的大小。

### 五、弧

单击"弧"按钮，在前视图中按住鼠标左键，将其拖动到适当位置后松开鼠标，然后再拖动鼠标调整它的弧度，创建的弧形如图 4-17 所示。

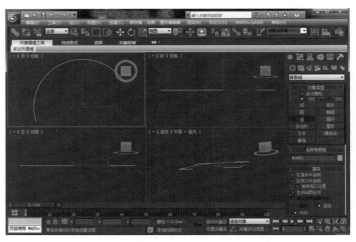

图 4-17　弧形实例

其"参数"的含义说明如下。

【端点 – 端点 – 中央】选中该单选按钮，先确定弧形的两个端点，然后确定弧长。

【中间 – 端点 – 端点】选中该单选按钮，先确定弧形的中心和端点，然后确定弧形的另一个端点，以此来确定弧长。

【半径】用来设置弧形的半径。

【从】用来设置弧形的起点。

【到】用来设置弧形的终点。

【饼形切片】选中该复选框，将创建扇形，如图 4-18 所示。

【反转】选中该复选框，将使弧形反转 180°。

使用弧可以创建弧形、扇形以及圆形样条线。

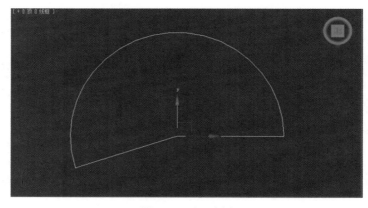

图 4-18　扇形实例

## 六、圆环

单击"圆环"按钮，在前视图中按住鼠标左键并拖动，到适当位置松开鼠标，确定圆环第一个圆的半径，接着移动鼠标到适当位置并单击，确定圆环第二个圆的半径，单击鼠标右键结束创建圆环，如图 4-19 所示。

其"参数"的含义说明如下。

【半径 1】用来设置圆环外圆的半径。

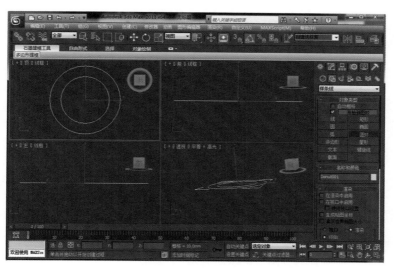

图 4-19　圆环实例

【半径 2】用来设置圆环内圆的半径。

## 七、多边形

单击"多边形"按钮，在前视图中按住鼠标左键并拖动，到适当位置后松开鼠标，确定多边形的半径，单击鼠标右键结束创建多边形，如图 4-20 所示。

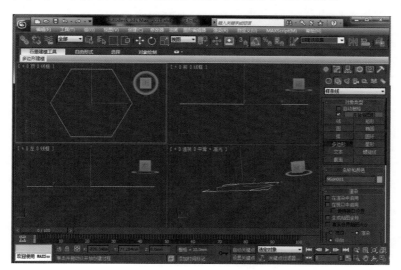

图 4-20　多边形实例

其"参数"卷展栏中各参数的含义说明如下。

【半径】用来设置多边形的内径。

【内接】用来设置多边形内接圆的半径。

【外接】用来设置多边形外切圆的半径。

【边数】用来设置多边形的边数。

【角半径】用来设置多边形的圆角半径，设置"角半径"值为一定数值，效果如图 4-21 所示。

【圆形】选中该复选框，将多边形设置为圆形。启用该选项之后，将创建圆形"多边形"。

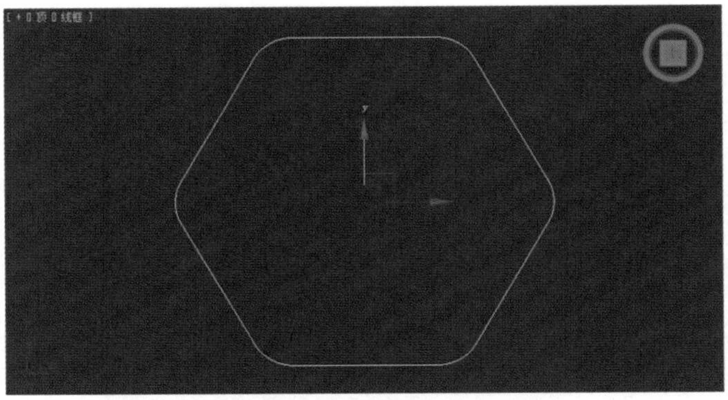

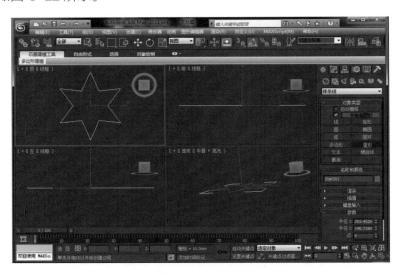

图 4-21　圆角六边形实例

## 八、星形

单击"星形"按钮，在前视图中按住鼠标左键并拖动，到适当位置松开鼠标，确定星形的半径 1，接着移动并单击鼠标左键，确定星形半径 2，单击鼠标右键，结束创建星形，创建的星形如图 4-22 所示。

图 4-22　星形实例

其"参数"卷展栏中各参数的含义说明如下。

【半径 1】用来设置星形的外径。

【半径 2】用来设置星形的内径。

【点】用来设置星形的角点数目。

【扭曲】用来设置星形的扭曲度，如图 4-23 所示为设置"扭曲"值为 30 时的效果。

【圆角半径 1】用来设置星形外径的倒角，数值越大星形的角越圆滑。

【圆角半径 2】用来设置星形内径的倒角，数值越大星形的角越圆滑。

## 九、文本

单击"文本"按钮，在文本框中输入文字，然后在前视图中单击鼠标左键即可创建文本。例如在文本框中输入"效果图制作"，然后在前视图中单击鼠标左键，即可创建文本，如图 4-24 所示。

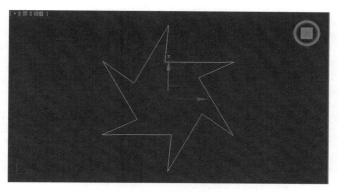

图 4-23　星形扭曲实例

图 4-24　俯视图中创建文本

其"参数"卷展栏中各参数的含义说明如下。

【宋体】在该下拉列表框中用户可选择文字的字体。

【大小】用来设置文字的大小。

【字间距】用来设置字与字之间的距离。

【行间距】用来设置行与行之间的距离。

【文本】在其下面的文本框中输入文字。

【更新】选中"手动更新"复选框，当修改文本或参数后，单击"更新"按钮，视图可立即更新显示。

### 十、螺旋线

单击"螺旋线"按钮，在视图中按住鼠标左键并拖动，到适当位置松开，确定螺旋线的底圆；接着移动鼠标并单击鼠标左键，确定螺旋线的高度；继续移动鼠标并单击，确定螺旋线的顶圆。单击鼠标右键结束创建螺旋线，如图 4-25 所示。

其"参数"卷展栏中各参数的含义说明如下。

【半径 1】用来设置螺旋线的内径。

【半径 2】用来设置螺旋线的外径。

【高度】用来设置螺旋线的高度。

使用螺旋线可创建开口平面或3D螺旋形,常用来制作弹簧、蚊香等。

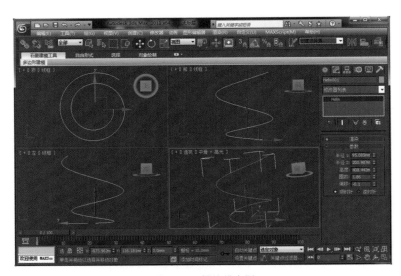

图 4-25　螺旋线实例

【圈数】用来设置螺旋线的圈数。

【偏移】用来设置螺旋线圈数的偏移量,高度不变。

【顺时针】用来设置螺旋线沿顺时针方向旋转。

【逆时针】用来设置螺旋线沿逆时针方向旋转。

## 十一、截面

在前视图中单击"截面"按钮并拖动鼠标,创建一个截面,如图 4-26 所示。

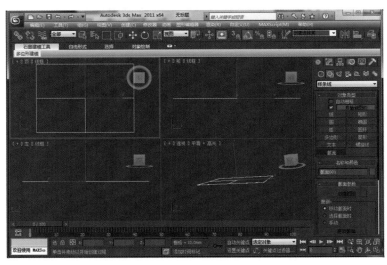

图 4-26　创建截面实例

单击"截面"按钮所创建的平面,可以移动、旋转并缩放。当它穿过一个三维造型时,会显示出截获的剖面,按下"创建图形"按钮就可以将这个剖面制作成一个新的样条曲线。

创建方法有以下几点。

(1) 单击"截面"按钮,在视图中单击并拖动鼠标,创建一个覆盖三维对象截面。

(2) 移动截面,使其平面与对象相交。

(3) 在修改面板里,单击"截面参数"卷展栏中的"创建图形"按钮,弹出的"命名截面图形"对话框,输入名称,单击"确定"按钮,完成三维对象截面图形的创建。

(4) 移动、删除或隐藏三维对象，即可观察到其截面图形的效果。

【无限】剖面所在的平面无界限的扩展，只要经过此剖面的物体都被截取，与视图显示的剖面尺寸无关。

【截面边界】只在截面图形边界内或与其接触的对象中生成横截面。

【禁用】不显示或生成横截面。

【色样】设置截面与几何相交的轮廓线颜色。

【长度】设置截面矩形的长度。

【宽度】设置截面矩形的宽度。

> 【小贴士】在使用"选择截面时"或"手动"后，在移动截面对象时，黄色横截面线条将随之移动，选择横截面后，再单击"更新截面"按钮即可更新截面。再单击"创建图形"时，生成新的横截面图形。

## 第二节　二维修改命令的使用

创建二维图形后，使用"编辑样条线"命令可对二维图形进行各种编辑。使用"车削"、"挤出"、"倒角"以及"倒角剖面"等命令可将二维图形转换为三维实体，下面将分别进行介绍。

### 一、编辑样条线

创建二维图形后，用户可通过调整曲线顶点的位置来改变曲线的形状，使用"编辑样条线"命令可对二维图形的顶点、线段以及样条线进行修改。

#### 1. 编辑顶点

(1) 单击"矩形"按钮，在前视图中创建一个矩形，设置长度为 80 mm，宽度为 120 mm，如图 4-27 所示。

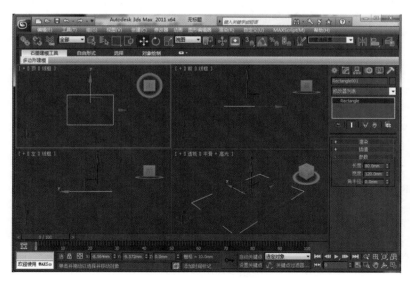

图 4-27　矩形实例（一）

（2）单击"修改"按钮，进入修改命令面板。选择"修改器列表"下拉列表中的"编辑样条线"命令。单击"可编辑样条线"卷展栏中的"顶点"按钮，进入顶点编辑状态，编辑样条线属性面板如图4-28所示。

（3）在顶视图中选择如图4-29所示的顶点，然后单击"几何体"卷展栏中的"删除"按钮，或按"Delete"键即可删除该顶点，效果如图4-30所示。

（4）单击"几何体"卷展栏中的"优化"按钮，在曲线上单击插入几个顶点，如图4-31所示。

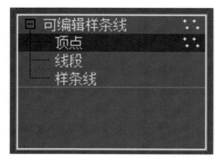

图 4-28　"编辑样条线"属性面板

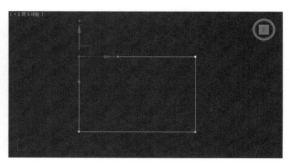

图 4-29　选中左上角顶点

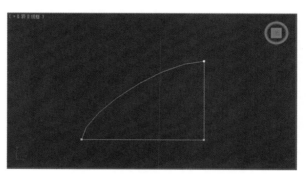

图 4-30　删除左上角顶点后的效果

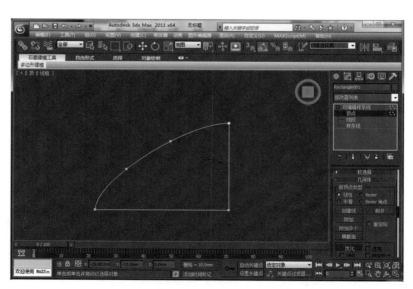

图 4-31　优化后效果

（5）在视图中选择一个顶点，然后单击鼠标右键，弹出如图4-32所示的快捷菜单，在此菜单中用户可选择不同的顶点类型。

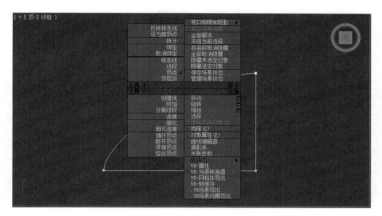

图 4-32　顶点编辑快捷菜单

(6) 使用工具栏中的移动工具调整顶点的位置，效果如图 4-33 所示。

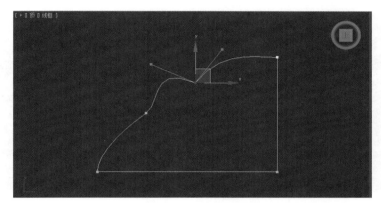

图 4-33　顶点调整实例

### 2. 编辑线段

(1) 单击"矩形"按钮，在前视图中创建一个矩形，设置长度为 80 mm，宽度为 120 mm，如图 4-34 所示。

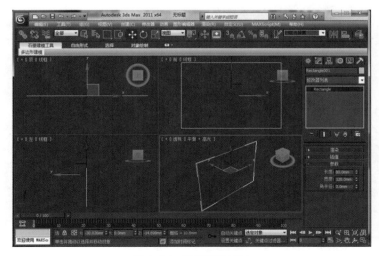

图 4-34　矩形实例（二）

(2) 单击"修改"按钮，进入修改命令面板。选择"修改列表"下拉列表中的"编辑样条线"命令。单击"编辑样条线"卷展栏中的"线段"按钮，在视图中选择如图 4-35 所示的线段，然后在"几何体"卷展栏中"拆分"按钮后的微调框中设置拆分数量为 2。单击"拆分"按钮，即可将线段等分成 3 段，如图 4-36 所示。

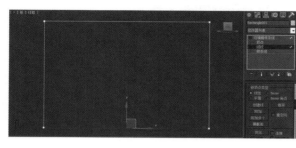

图 4-35　选中底边　　　　　　　　　图 4-36　底边拆分效果

(3) 按住"Ctrl"键，在矩形上选择两条线段，如图 4-37 所示，然后单击"分离"按钮，即可将所选线段分离为一个新图形，如图 4-38 所示。

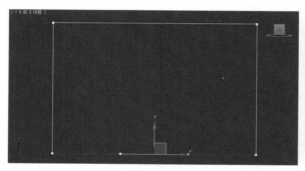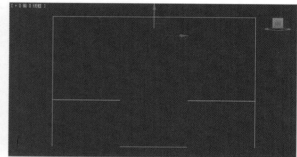

图 4-37　选中两条线　　　　　　　　　图 4-38　分离后新图形

### 3. 编辑样条线

(1) 单击"线"按钮，在前视图中创建一条曲线，如图 4-39 所示。

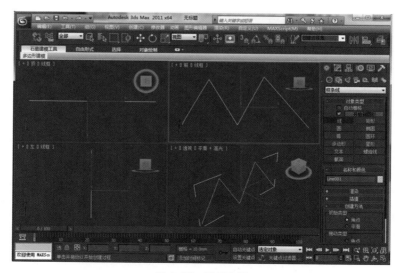

图 4-39　线条实例

(2) 单击"修改"按钮，进入修改命令面板。单击"选择"卷展栏中的"样条线"按钮，进入样条线编辑状态，在"几何体"卷展栏中单击"镜像"按钮后的"垂直镜像"按钮　，并选中"复制"和"以轴为中心"两个复选框，然后单击"镜像"按钮，调整样条线的位置，效果如图4-40所示。

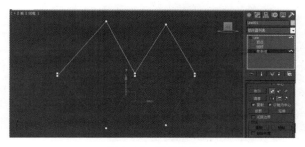

图4-40　镜像效果

（3）选中任意一条样条线，在"几何体"卷展栏中单击"附加"按钮，在前视图中单击另外一条样条线，将它们连接为一个整体。

（4）单击"顶点"按钮，进入顶点编辑面板，选择曲线两端的两个顶点，单击"焊接"按钮，可将所选择的顶点焊接到一起，效果如图4-41所示。

（5）单击"样条线"按钮　，进入样条线编辑面板，在"几何体"卷展栏中设置"轮廓"右边的参数为10，然后单击"轮廓"按钮，效果如图4-42所示。

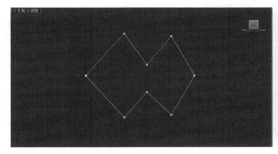
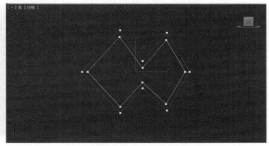

图4-41　焊接实例　　　　　　　　　图4-42　"轮廓"效果

## 二、车削

"车削"修改命令可以使二维物体沿某一轴线旋转生成相应的三维立体造型。下面以制作酒杯为例来介绍其使用方法。

（1）选择"文件"→"重置"命令，重新设置系统。

（2）单击"创建"按钮，进入创建命令面板。单击"图形"按钮，进入图形创建命令面板。单击"线"按钮，在前视图中创建一条曲线，如图4-43所示。

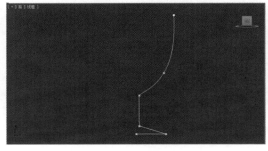

图4-43　创建酒杯半剖面线外轮廓

(3) 单击"修改"按钮，进入修改命令面板，将曲线编辑成如图 4-44 所示的形状。

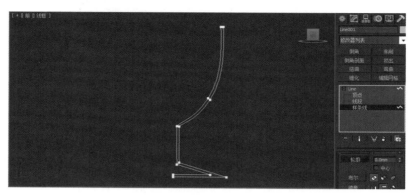

图 4-44  酒杯半剖面线

(4) 选择"修改器列表"下拉列表中的"车削"命令，进入车削参数设置面板，设置"分段"为 30，效果如图 4-45 所示。

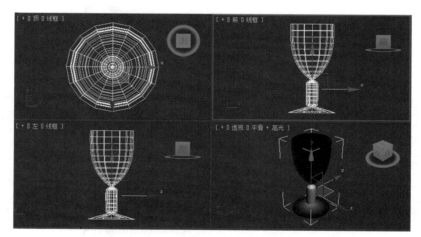

图 4-45  "车削"并"分段"效果

(5) 在"参数"卷展栏中的"对齐"参数设置区中单击"最小"按钮，然后选中"焊接内核"复选框，效果如图 4-46 所示。

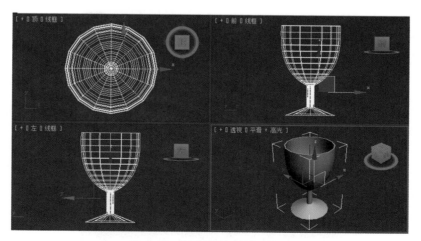

图 4-46  执行"焊接内核"后效果

(6) 渲染效果如图 4-47 所示。

### 三、挤出

挤出修改命令可以使二维物体形成一定的厚度，使之成为一个三维立体造型。下面以制作立体文字为例对其使用方法进行介绍。

(1) 选择"文件"→"重置"命令，重新设置系统。

(2) 单击"创建"按钮，进入创建命令面板。单击"图形"按钮，进入图形创建命令面板。单击"文本"按钮，在文本框中输入"效果图制作"，并在前视图中单击鼠标左键，如图4-48所示。

图 4-47　酒杯渲染效果

图 4-48　创建文本

(3) 单击"修改"按钮，进入修改命令面板。选择"修改器列表"下拉列表中的"挤出"命令。在"参数"卷展栏中的微调框中输入一些数值，并按"Enter"键，效果如图4-49所示。

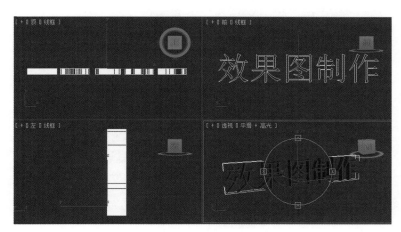

图 4-49　执行挤出后的视图

(4) 渲染效果如图4-50所示。

### 四、倒角

倒角命令与挤出命令的效果差不多，只是倒角命令可以为生成的三维实体边缘加上直角或圆角的倒角效果，下面以制作带倒角的立体文字为例对其使用方法进行介绍。

(1) 选择"文件"→"重置"命令，重新设置系统。

(2) 单击"创建"按钮，进入创建命令面板。单击

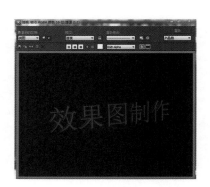

图 4-50　文本挤出的渲染效果

"图形"按钮，进入图形创建命令面板。单击"文本"按钮，在文本框中输入"效果图制作"，并在前视图中单击鼠标左键，如图 4-51 所示。

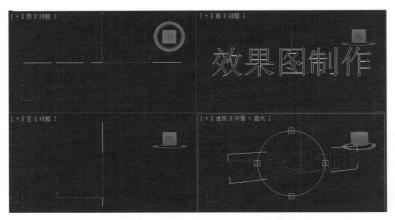

图 4-51　在前视图创建文本

(3) 单击"修改"按钮，进入修改命令面板，选择"修改器列表"下拉列表中的"倒角"命令，设置参数后，效果如图 4-52 所示。

图 4-52　对文本执行倒角

(4) 渲染效果如图 4-53 所示。

## 五、倒角剖面

倒角剖面修改命令可使用一条轮廓线控制二维图形的边缘，从而生成各种不同类型的物体。

(1) 选择"文件"→"重置"命令，重新设置系统。

(2) 单击"创建"按钮，进入创建命令面板。单击"图形"按钮，进入图形创建命令面板。单击"线"按钮，在前视图中创建一条直线，如图 4-54 所示。单击"星形"按钮，在顶视图中创建一个星形，如图 4-55 所示。

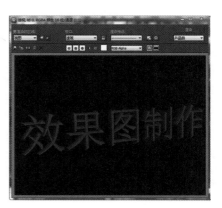

图 4-53　倒角渲染效果

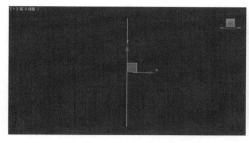
图 4-54 前视图创建直线

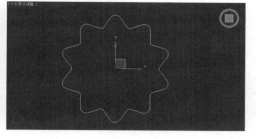
图 4-55 顶视图创建星形

（3）在前视图中选中直线，单击"修改"按钮，进入修改命令面板，选择"修改器列表"下拉列表中的"倒角剖面"命令，在"参数"卷展栏中单击"拾取剖面"按钮，然后在顶视图中单击"星形"，倒角剖面效果如图 4-56 所示。

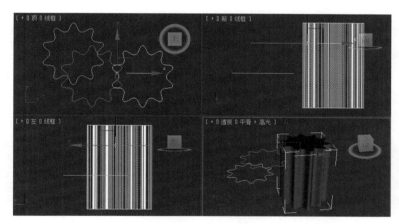
图 4-56 倒角剖面效果

# 第三节 案例分析与制作

本节综合本章所学知识，制作灯具和一套餐桌，具体方法如下。

## 一、制作灯具

（1）选择"文件"→"重置"命令，重新设置系统。

（2）单击"创建"按钮，进入创建命令面板。单击"图形"按钮，进入图形创建命令面板。单击"线"按钮，在前视图中创建一条曲线，如图 4-57 所示。单击"修改"按钮，进入修改命令面板，在其中将曲线编辑成如图 4-58 所示的形状。

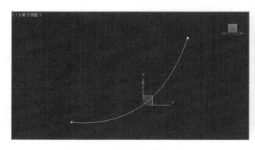
图 4-57 创建灯罩（一）

图 4-58 创建灯罩（二）

(3) 选择"修改器列表"下拉列表中的"车削"命令，进入车削参数设置面板，设置"分段"为30，效果如图 4-59 所示。在"参数"卷展栏中的"对齐"参数设置区中单击"最小"按钮，然后选中"焊接内核"复选框，效果如图 4-60 所示。

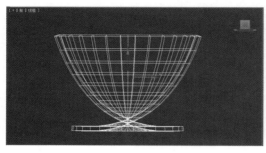

图 4-59 创建灯罩（三）

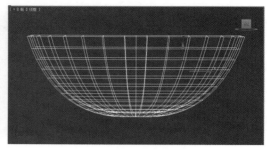

图 4-60 创建灯罩（四）

(4) 单击"创建"按钮，进入创建命令面板。单击"图形"按钮，进入图形创建命令面板。单击"线"按钮，在前视图中创建一条曲线，如图 4-61 所示。单击"圆形"按钮，在顶视图中创建一个圆形。在前视图中选中直线，单击"修改"按钮，进入修改命令面板，选择"修改器列表"下拉列表中的"倒角剖面"命令。在"参数"卷展栏中单击"拾取剖面"按钮，然后在顶视图中单击圆形，效果如图 4-62 所示。

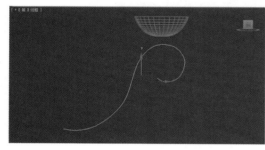

图 4-61 创建灯臂（一）

图 4-62 创建灯臂（二）

(5) 单击"创建"按钮，进入创建命令面板。单击"几何体"按钮，进入几何体创建命令面板。单击"圆柱体"按钮，在视图中创建一个圆柱体，如图 4-63 所示。

(6) 将视图中三个物体全部选择，在菜单栏中选择"组"，在其下拉菜单中选择"成组"，如图 4-64 所示。在弹出对话框中命名为"组 001"，如图 4-65 所示。

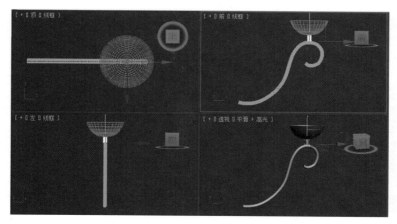

图 4-63 创建灯臂（三）

图 4-64 "组"菜单

图 4-65　命名组

(7) 把视口切换到顶视窗口中，单击"层次"按钮，进入层次命令面板，选择"仅影响轴"，如图 4-66 所示。在顶视窗口中沿着 X 轴，将坐标轴向左移动，如图 4-67 所示。

图 4-66　层次命令面板

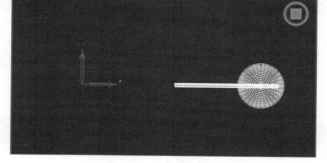

图 4-67　调整轴后的俯视效果

(8) 在菜单栏中选择"工具"，在其下拉菜单中选择"阵列"命令，如图 4-68 所示。其参数值如图 4-69 所示，单击"确定"，效果如图 4-70 所示。

图 4-68　"工具菜单"

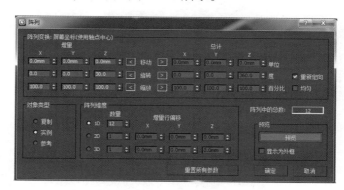

图 4-69　阵列参数 (一)

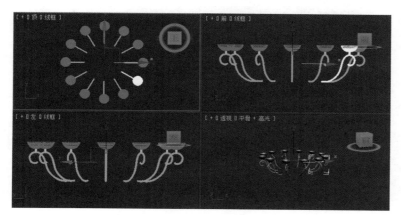

图 4-70　组 001 阵列效果

(9) 单击"创建"按钮，进入创建命令面板。单击"图形"按钮，进入图形创建命令面板。单击"线"按钮，在前视图中创建一条曲线，如图 4-71 所示。单击"修改"按钮，进入修改命令面板，在其中将曲线编辑成如图 4-72 所示的形状。

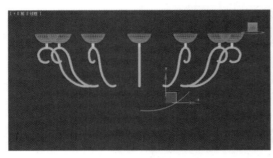
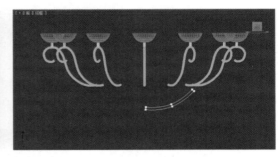

图 4-71    图 4-72

(10) 选择"修改器列表"下拉列表中的"车削"命令，进入车削参数设置面板，设置"分段"为 30，效果如图 4-73 所示。在"参数"卷展栏中的"对齐"参数设置区中单击"最小"按钮，然后选中"焊接内核"复选框，效果如图 4-74 所示。

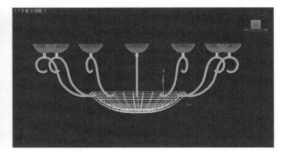

图 4-73　创建底托（一）    图 4-74　创建底托（二）

(11) 用相同的方法绘制出灯具上部的灯罩与灯臂，并将其成组，命名为"组 002"，如图 4-75 所示。

图 4-75　创建上部灯罩与灯臂

(12) 把视窗口切换到顶视窗口中，单击"层次"按钮，进入层次命令面板，选择"仅影响轴"。在顶视窗口中沿着 X 轴，将坐标轴向左移动。在菜单栏中选择"工具"，在其下拉菜单中选择"阵列"命令，其参数值如图 4-76 所示。单击"确定"，效果如图 4-77 所示。

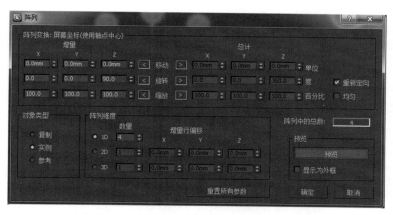

图 4-76　阵列参数 (二)

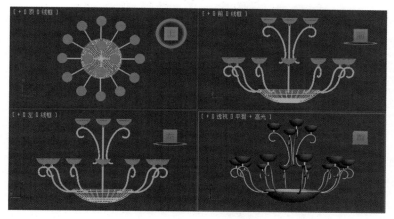

图 4-77　组 002 阵列效果

(13) 单击"创建"按钮，进入创建命令面板。单击"几何体"按钮，进入几何体创建命令面板，单击"圆柱体"按钮，在视图中创建一个圆柱体，如图 4-78 所示。

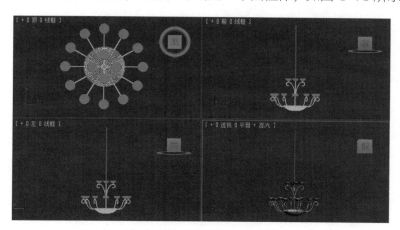

图 4-78　创建中柱

(14) 最终渲染效果如图 4-79 所示。

**二、制作一套餐桌**

(1) 选择"文件"→"重置"命令，重新设置系统。

(2) 单击"创建"按钮，进入创建命令面板。单击"图形"按钮，进入图形创建命令面板。

单击"矩形"按钮,在左视图中创建一个矩形,长度为 40 mm,宽度为 700 mm,如图 4-80 所示。单击"修改"按钮,进入修改命令面板,在其中将矩形编辑成如图 4-81 所示的形状。

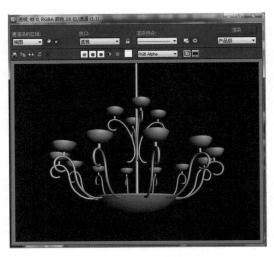

图 4-79　吊灯渲染效果

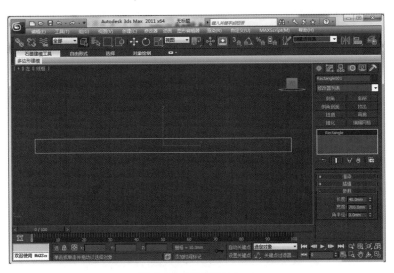

图 4-80　创建餐桌(一)

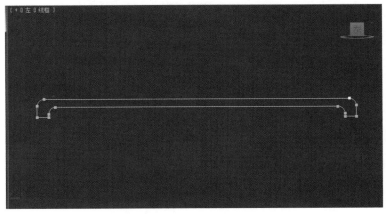

图 4-81　创建餐桌(二)

（3）单击"修改"按钮，进入修改命令面板。选择"修改器列表"下拉列表中的"挤出"命令。在"参数"卷展栏中的微调框中输入"1400"，并按"Enter"键，效果如图4-82所示。

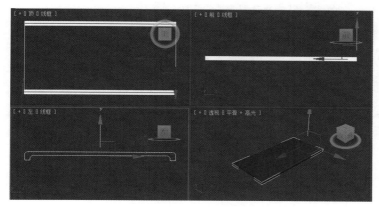

图 4-82　创建餐桌（三）

（4）绘制桌子腿。单击"创建"按钮，进入创建命令面板。单击"几何体"按钮，进入几何体创建命令面板。单击"圆柱体"按钮，在视图中创建一个圆柱体，高度为700 mm，如图4-83所示。

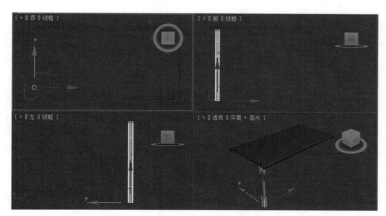

图 4-83　创建餐桌（四）

（5）在顶视图中选择圆柱体，单击工具栏中的"选择并移动"按钮，在按住"Shift"键的同时锁定 X 轴向右移动圆柱体，将其复制一个，如图4-84所示。同时选择这两个圆柱体，单击工具栏中的"选择并移动"按钮，在按住"Shift"键的同时锁定 Y 轴向右移动圆柱体，将其复制，如图4-85、图4-86所示。

图 4-84　创建餐桌（五）

图 4-85　创建餐桌（六）

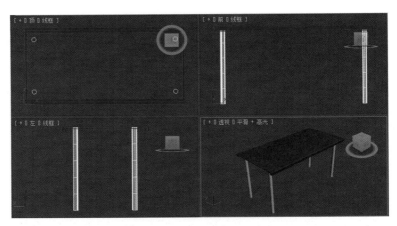

图 4-86　创建餐桌（七）

(6) 单击"创建"按钮，进入创建命令面板。单击"几何体"按钮，进入几何体创建命令面板。单击"圆柱体"按钮，在前视图中创建一个圆柱体，如图 4-87 所示。实例复制该圆柱体，效果如图 4-88 所示。

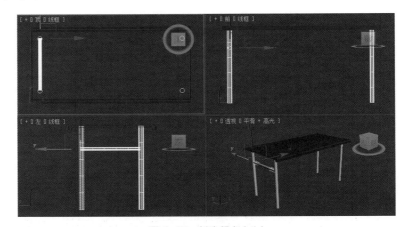

图 4-87　创建餐桌（八）

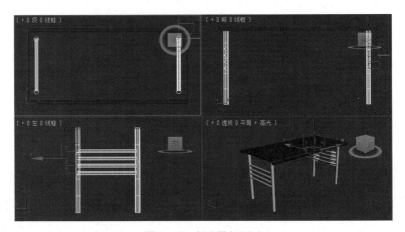

图 4-88　创建餐桌（九）

(7) 单击"创建"按钮，进入创建命令面板。单击"几何体"按钮，进入几何体创建命令面板。单击"圆柱体"按钮，在左视图中创建一个圆柱体实例，复制该圆柱体，效果如图 4-89 所示。

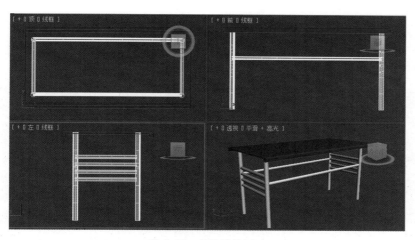

图 4-89　创建餐桌（十）

(8) 绘制桌子腿中间的圆柱体，如图 4-90 所示。

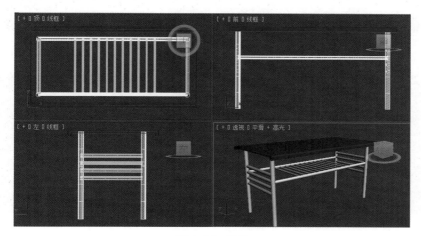

图 4-90　餐桌

(9) 绘制椅子。单击"创建"按钮，进入创建命令面板。单击"图形"按钮，进入图形创建命令面板。单击"线"按钮，在左视图中创建一条线，如图 4-91 所示。单击"修改"按钮，进入修改命令面板，在其中将线编辑成如图 4-92 所示的形状。

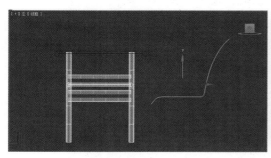

图 4-91　创建椅子（一）

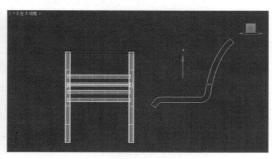

图 4-92　创建椅子（二）

(10) 单击"修改"按钮，进入修改命令面板。选择"修改器列表"下拉列表中的"挤出"命令。在"参数"卷展栏中的微调框中输入"500"，并按"Enter"键，效果如图 4-93 所示。

(11) 绘制椅子腿。单击"创建"按钮，进入创建命令面板。单击"图形"按钮，进入图形创建命令面板。单击"线"按钮，在左视图中创建一条线，如图 4-94 所示。单击"圆形"按钮,在顶视图中创建一个圆形。在前视图中选中直线,单击"修改"按钮,进入修改命令面板,选择"修改器列表"下拉列表中的"倒角剖面"命令。在"参数"卷展栏中单击"拾取剖面"按钮,然后在顶视图中单击圆形,效果如图 4-95 所示。

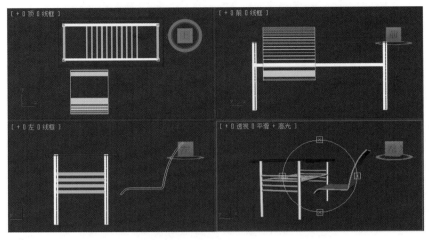

图 4-93　创建椅子(三)

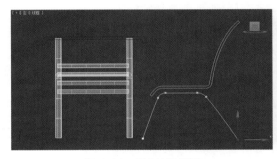

图 4-94　创建椅子(四)

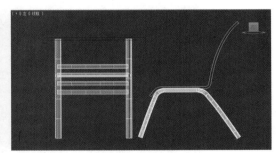

图 4-95　创建椅子(五)

(12) 在顶视窗口中,单击工具栏中的"选择并移动"按钮。在按住"Shift"键的同时锁定 X 轴向右移动圆柱体,将其复制一个,如图 4-96 所示。

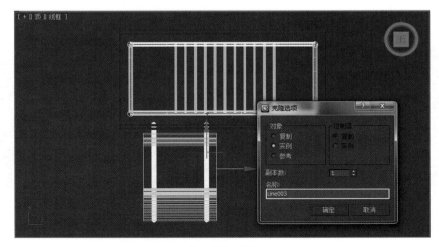

图 4-96　椅子

(13) 整体复制椅子,如图 4-97 所示。

(14) 渲染效果如图 4-98 所示。

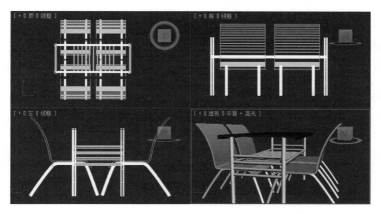

图 4-97　复制椅子

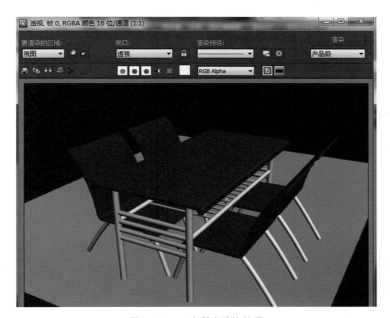

图 4-98　一套餐桌渲染效果

## 本 / 章 / 小 / 结

　　本章主要介绍了二维图形的创建和二维修改命令的使用方法。通过本章的学习，用户应掌握二维图形的创建方法以及常用二维转三维修改命令的使用方法，并能灵活运用。

# 思考与练习

1. 图形创建命令面板中包括了 11 种创建二维图形的命令，分别为线、矩形、圆、椭圆、弧、圆环、＿＿＿＿＿＿、＿＿＿＿＿＿、＿＿＿＿＿＿、螺旋线和截面。

2. 创建二维图形后，用户可使用 ＿＿＿＿＿＿ 命令对二维图形的顶点、线段以及样条线进行编辑修改。

3. 下列（      ）命令可以在曲线上插入新的顶点。
    A. 附加                                    B. 创建
    C. 焊接                                    D. 优化

4. 下列（      ）命令可以对三维物体进行弯曲变形。
    A. 挤出                                    B. 车削
    C. 倒角                                    D. 弯曲

5. 制作如图 4-99 ～图 4-102 所示的模型。

图 4-99　柜子

图 4-100 沙发（一）

图 4-101 椅子

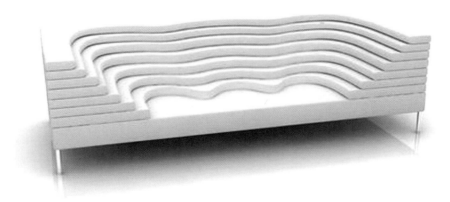

图 4-102 沙发（二）

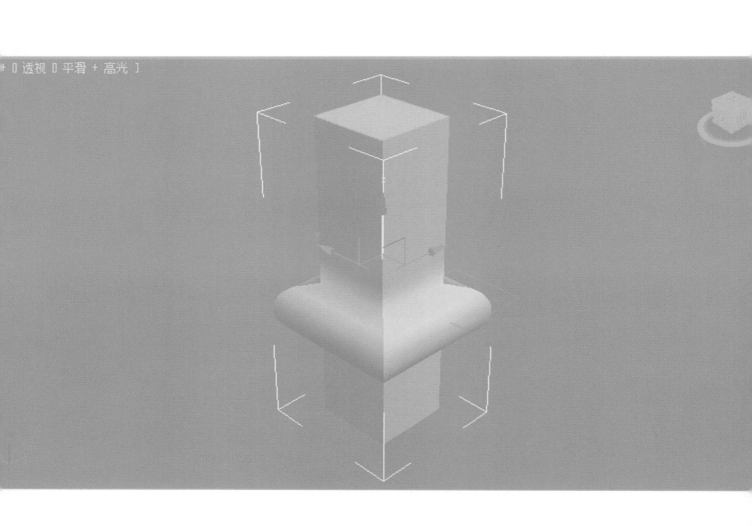

# 第五章

# 高级建模

章节
导读

■ 布尔运算；

■ 放样和放样变形。

## 第一节 布尔运算

布尔运算建模是指将两个以上的物体进行交集、并集、差集和切割运算，以产生一个新的物体。单击"创建"按钮，进入创建命令面板。单击"几何体"按钮，进入几何体创建命令面板。选择"标准基本体"下拉列表中的"复合对象"选项，即可进入复合对象创建命令面板，如图 5-1 所示。

单击"布尔"按钮，即可进入布尔运算属性面板，如图 5-2 ～图 5-4 所示，在其中可对布尔运算产生对象的方式以及布尔运算的方法进行设置。

图 5-1 复合对象创建命令面板

图 5-2 布尔运算属性面板(一)

图 5-3 布尔运算属性面板(二)

下面结合实例对布尔运算的并集、差集和交集运算进行介绍。

## 一、并集

并集运算是将两个相交的物体合并为一个新的物体。下面以一个长方体和一个圆球为例来进行说明。

(1) 选择"文件"→"重置"命令，重新设置系统。

(2) 单击"创建"按钮，进入创建命令面板。单击"几何体"按钮，进入几何体创建命令面板，单击"长方体"按钮，在视图中创建一个长方体，如图 5-5 所示。

图 5-4　布尔运算属性面板（三）

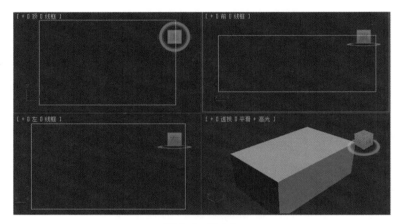

图 5-5　长方体

(3) 单击"球体"按钮，在视图中创建一个球体，并将其移动至如图 5-6 所示的位置。

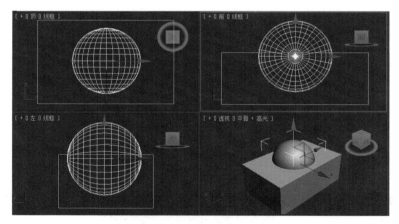

图 5-6　布尔运算前

(4) 在视图中选中长方体，然后选择"标准基本体"下拉列表中的选项，进入复合对象创建命令面板。在"参数"卷展栏中的"操作"参数设置区中选中"并集"单选按钮，接着单击"拾取布尔"卷展栏中的"拾取操作对象"按钮，在视图中拾取球体，效果如图 5-7 所示。

## 二、差集

差集是指从一个物体中减去另一个物体与之重合的部分，从而形成一个新的物体。

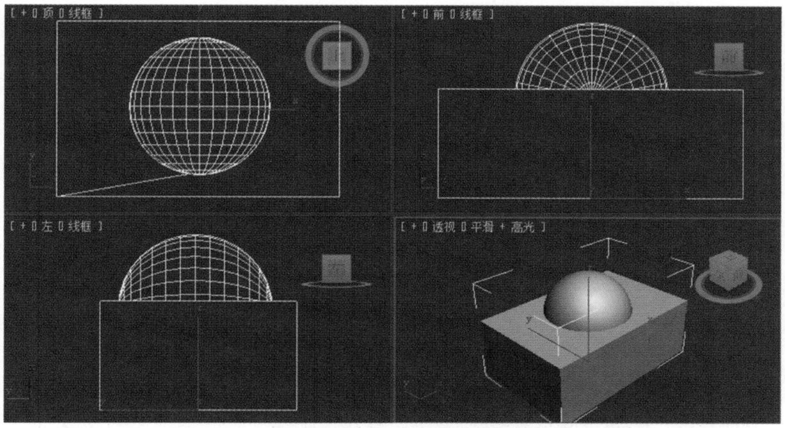

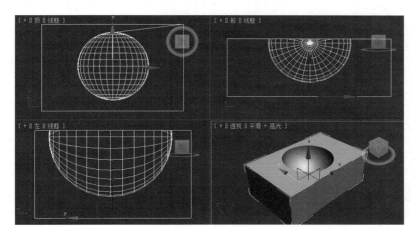

图 5-7　布尔运算（一）

(1) 单击工具栏中的"撤销"按钮，返回至并集运算中的第 (3) 步。

(2) 在视图中选中长方体，在"参数"卷展栏中的"操作"参数设置区中选中"差集(A-B)"单选按钮，然后单击"拾取布尔"卷展栏中的"拾取操作对象"按钮，在视图中拾取球体，效果如图 5-8 所示。

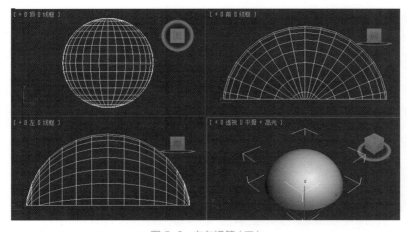

图 5-8　布尔运算（二）

(3) 如果在上一步中选中的是"差集 (B-A)"单选按钮，则得到如图 5-9 所示的效果。

图 5-9　布尔运算（三）

【小贴士】在进行差集运算时，涉及两个物体先后次序的问题，一般先选择的物体为 A 物体，后选择的物体为 B 物体。也就是说，在选中"差集 (B-A)"单选按钮的情况下要想得到第 (2) 步的效果，先选择的物体应是球体。

### 三、交集

交集运算将使两个相交物体的公共部分生成新的物体。

在视图中选中长方体，在"参数"卷展栏中的"操作"参数设置区中选中"交集"单选按钮，然后单击"拾取布尔"卷展栏中的"拾取操作对象"按钮，在视图中拾取球体，效果如图 5-10 所示。

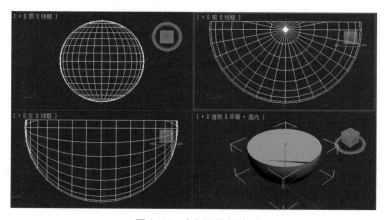

图 5-10　布尔运算（四）

## 第二节　放　　样

放样是将一个二维图形作为截面沿某个路径运动，从而形成复杂的三维物体。在同一个路径的不同位置可以设置不同的截面，利用放样可创建很多复杂的模型。

### 一、放样基本过程

(1) 单击"创建"按钮，进入创建命令面板。单击"图形"按钮，进入图形创建命令面板。单击"螺旋线"按钮，在前视图中创建一条螺旋线，作为放样路径，如图 5-11 所示。

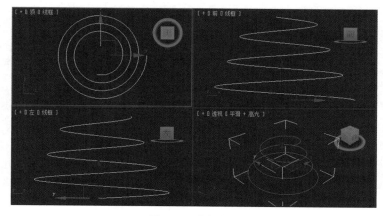

图 5-11　放样路径

(2) 单击"圆"按钮，在顶视图中创建一个圆形，作为放样截面，如图 5-12 所示。

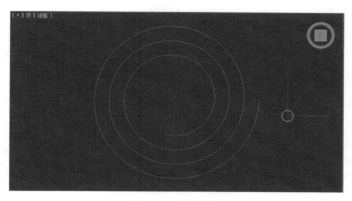

图 5-12　放样截面

(3) 在前视图中选中创建的螺旋线，选择"标准基本体"下拉列表中的"复合对象"选项，单击"放样"按钮，然后单击"创建方法"卷展栏中的"获取图形"按钮，在顶视图中拾取圆形，生成的放样物体如图 5-13 所示。

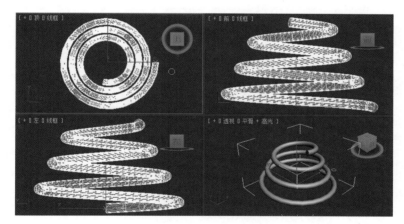

图 5-13　放样实例

## 二、放样变形

创建放样对象后，用户可对放样对象的路径和界面进行变形。展开"变形"卷展栏，如图 5-14 所示，其中包括"缩放"、"扭曲"、"倾斜"、"倒角"和"拟合" 5 种变形控制器。

在视图中创建一个矩形和一条直线，然后进行放样，生成如图 5-15 所示的放样物体。

图 5-14　"变形"卷展栏

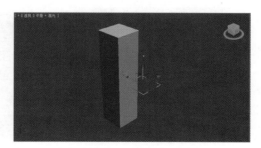

图 5-15　放样实例

下面以该放样物体为例进行放样变形操作。

### 1. 缩放

(1) 单击"修改"按钮，进入修改命令面板，展开"变形"卷展栏。单击"缩放"按钮，弹出"缩放变形"对话框。

(2) 单击"缩放变形"对话框中的"插入角点"按钮，在缩放变形曲线上插入 3 个点，然后单击该对话框中的"移动控制点"按钮，将插入的点调整成如图 5-16 所示的形状，效果如图 5-17 所示。

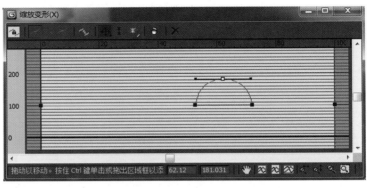

图 5-16　缩放变形操作示意

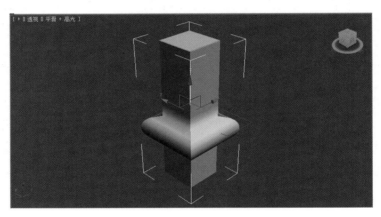

图 5-17　缩放操作后实例

### 2. 扭曲

单击"扭曲"按钮，弹出"扭曲变形"对话框，调整扭曲变形曲线如图 5-18 所示的形状，效果如图 5-19 所示。

图 5-18　扭曲变形操作示意

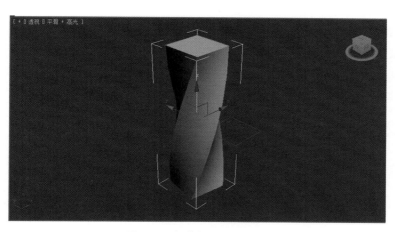

图 5-19 扭曲变形操作后实例

### 3. 倾斜

单击"倾斜"按钮,弹出"倾斜变形"对话框,调整倾斜变形曲线如图 5-20 所示的形状,效果如图 5-21 所示。

图 5-20 倾斜变形操作示意

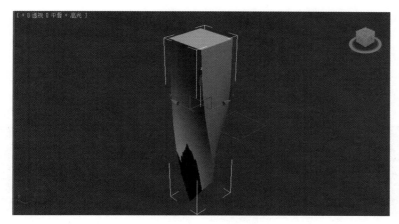

图 5-21 倾斜变形操作后实例

### 4. 倒角

单击"倒角"按钮,弹出"倒角变形"对话框,调整倒角变形曲线如图 5-22 所示的形状,倒角效果如图 5-23 所示。

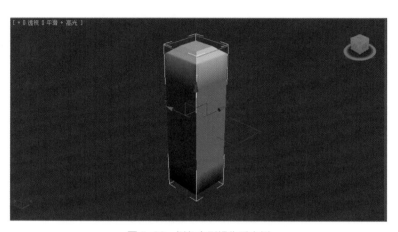

图 5-22 倒角变形操作示意

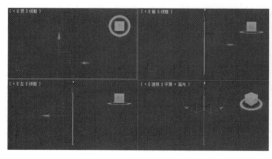

图 5-23 倒角变形操作后实例

# 第三节 案例分析与制作

本节综合本章所学知识，制作窗帘，具体方法如下。

(1) 选择"文件"→"重置"命令，重新设置系统。

(2) 单击"创建"按钮，进入创建命令面板。单击"图形"按钮，进入图形创建命令面板。单击"线"按钮，在前视图中创建一条直线，如图 5-24 所示。单击"线"按钮，在顶视图中创建一条曲线，如图 5-25 所示的形状。

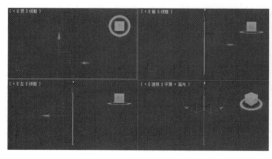
图 5-24 创建窗帘（一）

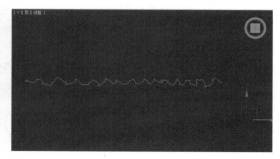
图 5-25 创建窗帘（二）

(3) 在前视图中选中创建的直线，选择"标准基本体"下拉列表中的"复合对象"选项，单击"放样"按钮，然后单击"创建方法"卷展栏中的"获取图形"按钮，在顶视图中拾取曲线，生成的放样物体如图 5-26 所示。

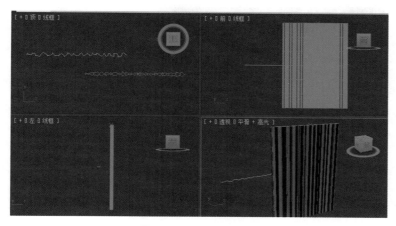

图 5-26　创建窗帘（三）

（4）单击"修改"按钮，进入修改命令面板，展开"变形"卷展栏。单击"缩放"按钮，弹出"缩放变形"对话框。单击"缩放变形"对话框中的"插入角点"按钮，在缩放变形曲线上插入 1 个点，然后单击该对话框中的"移动控制点"按钮，将插入的点调整成如图 5-27 所示的形状，效果如图 5-28 所示。

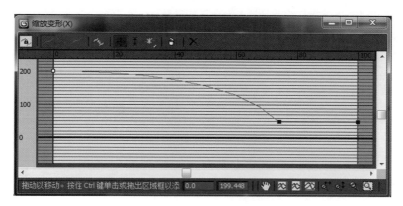

图 5-27　创建窗帘（四）

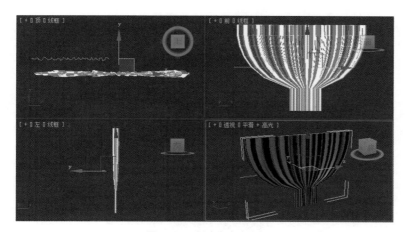

图 5-28　创建窗帘（五）

（5）选择"修改器列表"下拉列表中的"loft"命令，单击"图形"按钮，进入图形编辑状态。在前视图中框选窗帘，进入修改面板中，在"对齐"里选择左，如图 5-29 所示。

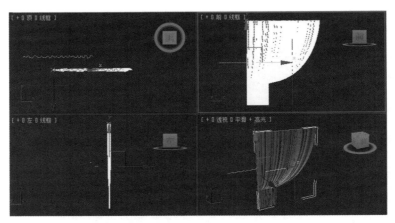

图 5-29　创建窗帘（六）

（6）在前视窗口中镜像另一侧窗帘，如图 5-30 所示。

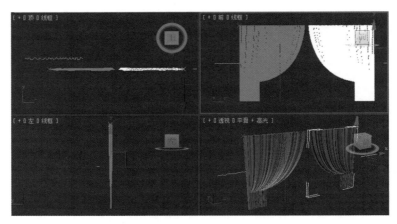

图 5-30　创建窗帘（七）

（7）单击"创建"按钮，进入创建命令面板。单击"图形"按钮，进入图形创建命令面板。单击"线"按钮，在前视图中创建一条直线，如图 5-31 所示。在前视图中选中创建的直线，选择"标准基本体"下拉列表中的"复合对象"选项，单击"放样"按钮，然后单击"创建方法"卷展栏中的"获取图形"按钮，在顶视图中拾取曲线，生成的放样物体如图 5-32 所示。

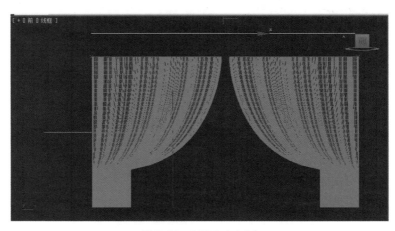

图 5-31　创建窗帘（八）

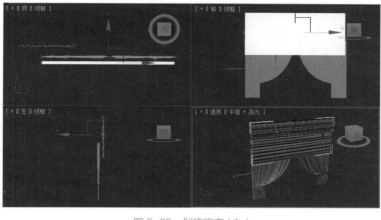

图 5-32　创建窗帘（九）

（8）单击"修改"按钮，进入修改命令面板，展开"变形"卷展栏。单击"缩放"按钮，弹出"缩放变形"对话框。单击"缩放变形"对话框中的"插入角点"按钮，在缩放变形曲线上插入 1 个点，然后单击该对话框中的"移动控制点"按钮，将插入的点调整成如图 5-33 所示的形状，效果如图 5-34 所示。

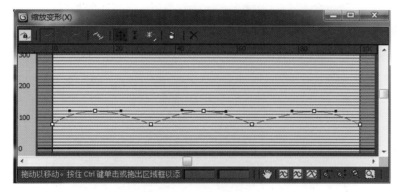

图 5-33　创建窗帘（十）

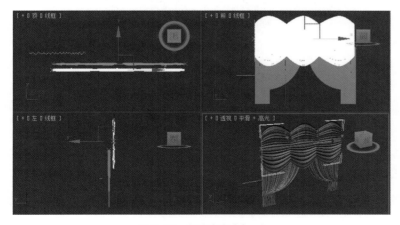

图 5-34　创建窗帘（十一）

（9）选择"修改器列表"下拉列表中的"loft"命令，单击"图形"按钮，进入图形编辑状态。在前视图中框选窗帘，进入修改面板中，在"对齐"里选择右，如图 5-35 所示。

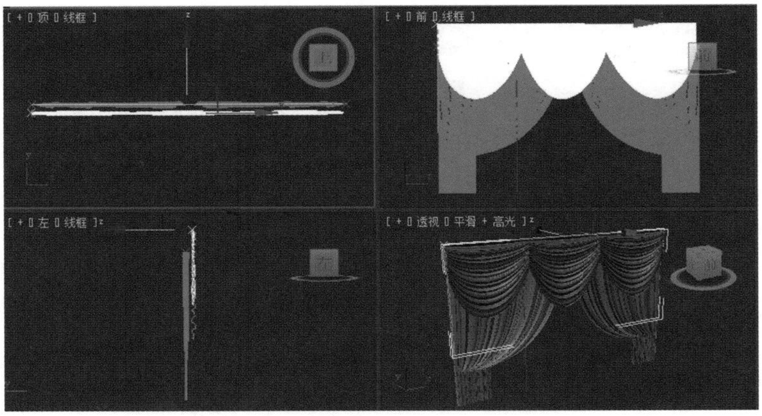

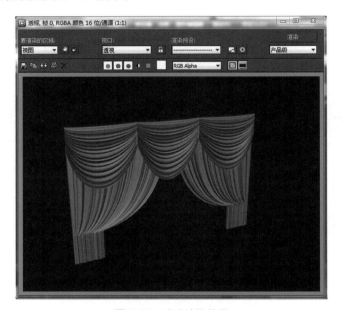

图 5-35　创建窗帘（十二）

（10）渲染效果如图 5-36 所示。

图 5-36　窗帘渲染效果

## 本 / 章 / 小 / 结

　　本章主要介绍了布尔运算的并集、差集和交集运算方法以及放样和放样变形的使用方法。

# 思考与练习

1. 布尔运算建模是指将两个以上的物体进行交集、_____、_____和切割运算。

2. _____运算将使两个相交物体的公共部分生成新的物体。

3. 放样物体有哪 3 种创建方法？用不同方法创建的放样物体有什么异同？

4. 布尔运算有几种方法？它们分别是什么？

5. 制作如图 5-37、图 5-38 所示的模型。

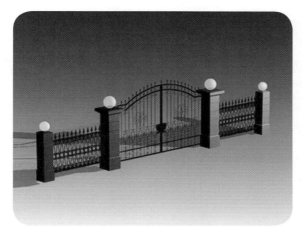

图 5-37 大门

图 5-38 窗户

# 第六章
# VRay 渲染器与材质参数

章节导读
- VRay 渲染器的操作界面；
- VRay 材质的创建方法；
- 常用物体的材质参数值。

## 第一节　关于 VRay 渲染器

VRay 渲染器主要用于室内设计、建筑设计、工业产品设计等的渲染。它能产生一些特殊的效果，如次表面散射、光线追踪、焦散、全局照明等。VRay 能创造出专业的照片级效果，其特点是渲染速度快。VRay 渲染器有"焦散之王"的称号，在焦散方面的效果是所有渲染器中最好的。

VRay 的工作流程如下。

(1) 创建或者打开一个场景。

(2) 指定 VRay 渲染器。

(3) 把渲染器选项卡设置成测试阶段的参数：把图像采样器改为"固定模式"，把抗锯齿系数调低，并关闭材质反射、折射和默认灯；勾选"GI"，将"首次反射"调整为"Irradiance map"（发光贴图模式），同时"二次反射"调整为"QMC"（准蒙特卡罗算法）或"light cache"（灯光缓存模式），降低细分。

(4) 设置材质。

(5) 根据场景布置相应的灯光：开始布光时，从天光开始，然后逐步增加灯光，大体顺序为天光→阳光→人工装饰光→补光；如环境明暗灯光不理想，可适当调整天光强度或提高曝光方式中的 dark multiplier（变暗倍增值），直至合适为止；打开反射、折射调整主要材质。

(6) 根据实际的情况再次调整场景的灯光和材质。

(7) 渲染并保存光子文件：设置保存光子文件；调整 Irradiance map( 发光贴图模式 )，min rate( 最小采样 ) 和 max rate( 最大采样 ) 为 –5 和 –1 或 –5 和 –2 或更高，同时把 QMC 或 light cache 的细分值调高，正式渲染出小图，保存光子文件。

(8) 正式渲染：调高抗锯齿级别，设置图像的尺寸；调用光子文件渲染出大图。

### 一、主要功能

VRay 光线追踪渲染器有 Basic Package 和 Advanced Package 两种安装形式。

其中 Basic Package 形式的主要功能有间接照明系统 ( 全局照明系统 )，可采取直接光照和光照贴图方式 (HDRI)；运动模糊，包括类蒙特卡罗采样方法；摄像机景深效果；抗锯齿功能；散焦功能；G- 缓冲等。

### 二、直接光照和间接光照

VRay 采用两种方法进行全局照明计算，即直接照明计算和光照贴图。

(1) 直接照明计算是一种简单的计算方式，它对所有用于全局照明的光线进行追踪计算，它能产生最准确的照明结果，但是需要花费较长的渲染时间。

(2) VRay 中的间接照明主要是通过计算 GI 采样来完成的，它通过插补在光照贴图中预先计算的 GI 采样来计算。

### 三、VRay 工作方式

安装好 VRay 后，要采用 VRay 作为渲染器，首先是在"渲染器设置"下的"指定渲染器"中将它调用出来。完成后，就进入到了 VRay 的工作环境，可以使用 VRay 自带的"材质"、"灯光"、"渲染"系统来进行全局光模拟计算。在渲染时，可以先用较小的渲染尺寸来生成"光照贴图"，然后通过读取"光照贴图"中的"GI 采样"来完成最终的渲染。

## 第二节　VRay 关键参数详解

VRay 安装好后，可以在以下几个位置找到它的功能命令，如图 6-1 ～图 6-5 所示。在 3ds Max 2011 中使用的是 V-Ray 2.0 SP1 中文版。

图 6-1　功能命令 ( 一 )

图 6-2　功能命令 ( 二 )

图 6-3　功能命令 ( 三 )

## 一、灯光建立面板

单击"创建"下的"灯光"命令，在下拉菜单中选择"VRay"就可以看到"VR_光源"、"VR_IES"、"VR_环境光"和"VR_太阳光"4 个命令，如图 6-6 所示。

图 6-4　功能命令（四）

图 6-5　功能命令（五）

图 6-6　灯光创建面板

## 二、渲染场景对话框

单击"渲染设置"，把默认渲染器换成 VRay 渲染器就可以打开 VRay 的工作面板，如图 6-7 所示。

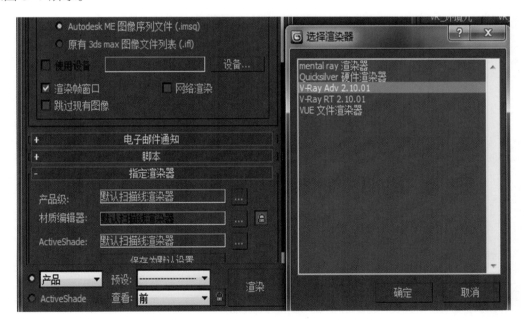

图 6-7　渲染设置

## 三、材质 / 贴图浏览器

按"M"键，或者单击"材质编辑器"按钮，打开"材质编辑器"。选择一个材质球，将"标准材质"替换为"VRayMtl"，单击"获取材质"命令，如图 6-8 所示。

图 6-8　替换标准材质球

## 第三节　VRay 材质

VRay 提供了一种特殊的材质 "VRayMtl"。在场景中使用该材质能够获得更加准确的物理照明、更快的渲染速度，使反射和折射参数调节更方便。

对于 "VRayMtl"，可以应用不同的纹理贴图来控制其反射和折射，增加凹凸贴图和置换贴图，强制直接全局照明计算。"VRayMtl" 材质的 "基本参数" 卷展栏如图 6-9、图 6-10 所示。

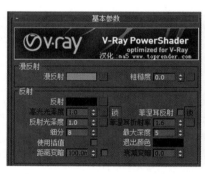

图 6-9　"基本参数" 卷展栏（一）

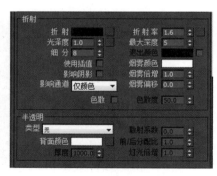

图 6-10　"基本参数" 卷展栏（二）

### 一、VRay 标准材质的基本参数

#### 1. 漫反射

【漫反射】物体的表面可以是固有色或纹理贴图。

#### 2. 反射

【反射】漫反射颜色的倍增器，颜色越亮反射效果越强。

【光泽度】该值控制该材质的光泽度，当该值为 0.0 时表示特别模糊的反射，当该值为 1.0 时将关闭材质的光泽 (VRay 将产生一种特别尖锐的反射 )。

【细分】控制反射的模糊程度 (VRay 不会发出任何用于估计光滑度的光线 )。

【使用插值】效果在于柔化粗糙的反射效果，可以提高渲染速度，但同时也降低了图像质量。在表现反射模糊的时候很有用（反射模糊是物体反射过程中产生反射而深度衰减的结果）。

【菲涅耳折射率】用来表现由于观察角度不同所看到的镜面反射效果，例如玻璃或其他一些物质的这种自然特性反射。

【最大深度】贴图的最大光线发射深度，数值代表可进行反射的次数。

【退出颜色】表示物体在表面颜色反射下所溢出的颜色以该色为主，该颜色随着反射强度增加而增强。

### 3. 折射

【折射】折射倍增器。

【细分】控制发射的光线数量来估计光滑面的折射。当该材质的"Glossiness( 光泽度 )"值为 1.0 时，本选项无效。

【折射率】该值决定材质的折射率。假如选择了合适的值，就可以制作出类似于水、钻石、玻璃的折射效果。

【最大深度】贴图的最大光线发射深度。大于该值时贴图将反射回黑色。

【烟雾颜色】透明物体内部含有的颜色，默认为白色，雾的颜色将维持在其颜色亮度最高的混合色上。配合倍增强度参数使用，可以调整到其他颜色。

【烟雾倍增】调节雾的强度，取值范围为 0 ～ 100，可以控制雾的亮度。

【影响阴影】打开后可使物体产生透明阴影。

【影响通道】打开后可以将透明处渲染输出为 Alpha 通道格式的图像，让后期合成制作更加方便。

### 4. 半透明

【半透明】当此项被勾选时，透明物体将含有半透明属性，光线在物体表面下折射的情况受烟雾的亮度大小影响，从而产生有渗透性的折射。

【散射系数】控制光线在表面下散射的程度，取值范围为 0 ～ 1。当该值为 0 时表面下的光线都产生散射，当该值为 1 时表面下的光线将沿最初的入射方向穿过物体。

【前 / 后分配比】控制光线散射的方向，取值范围为 0 ～ 1。为 0 时全部向后，为 0.5 时前后方向平均，为 1 时全部向前。

【厚度】物体表面下渗受光的厚度。

【灯光倍增】调节表面下光线强度。

### 二、VR 发光材质的基本参数

"VR 发光材质"：将物体转化为光源的材质，物体自身发光并且照亮一定范围，可以模拟真实物体的发光效果，如图 6-11 所示。

【颜色】用来设定灯光颜色。

【不透明度】可以使用图片叠加，形成新的显示方式，减少透光程度。勾选其中的背面发光选项，可以让物体内外双面发光。

【置换】可以更换贴图纹理。

图 6-11　"VR 发光材质"参数对话框

121

## 第四节　VRay 灯光和阴影

### 一、VRay 灯光的基本参数

鼠标单击"创建"命令，选择"灯光"命令，在下拉菜单中选择"VR_光源"，并在场景中创建一盏 VRay 灯光，其参数如图 6-12 ~ 图 6-14 所示。

图 6-12　灯光参数（一）　　图 6-13　灯光参数（二）　　图 6-14　灯光参数（三）

【开】打开或关闭 VRay 灯光。

【倍增器】光源强度。

【颜色】光源发出的光线的颜色。

【双面】当 VRay 灯光为平面光源时，该选项控制光线是否从平面光源的两个面发射出来（当选择球面光源时，该选项无效）。

【不可见】该设定控制 VRay 光源体的形状是否在最终渲染场景中显示出来。

【忽略灯光法线】当一个被追踪的光线照射到光源上时，该选项控制 VRay 计算发光的方法。对于模拟真实世界的光线，该选项应该关闭。当该选项打开时，渲染结果更加平滑。

【不衰减】当该选项被选中时，VRay 所产生的光将不会随距离而衰减。

【天光入口】可利用 VR 灯光作为天光光源，即类似窗口效果。

【存储在发光贴图中】当该选项选中并且全局照明设定为发光贴图时，VRay 将再次计算 VR 灯光的效果并且将其存储到发光贴图中。其结果是发光贴图的计算变得更慢，但是渲染时间会减少，还可以将发光贴图保存下来再次使用。

【细分】控制光子散发数量，数值越大光照越细腻，阴影过渡越柔和。

【阴影偏移】决定阴影偏移的距离长短。

### 二、VRay "HDRI" 照明

"HDRI"图像文件是高清晰全景漫游数据图像，含有原始的曝光数据，通常用作环境渲染，能还原当时环境下的光线。"HDRI Map"能读取这种文件，并用来照明场景。

新建"VRayMtl"材质，赋予"VRayMtl"贴图到"漫反射贴图通道"，如图 6-15 所示。

【整体倍增器】用来调节光线强度。

【水平旋转】、【水平翻转】、【垂直旋转】、【垂直翻转】用来调整贴图的状态。

贴图类型中的【角式】、【立方体】、【球体】、【反射球】、【3ds Max 标准的】用来调整贴图坐标。

图 6-15　贴图面板

# 第五节　VRay 渲染面板关键参数详解

## 一、VRay 渲染面板

VRay 渲染器的渲染参数控制栏通用设置比较简单，而且有多种默认设置可供选择，支持多通道输出、颜色控制以及曝光效果，如图 6-16 所示。

【授权】授权使用人。

【关于 VR】显示当前版本以及官方链接。

【帧缓存】预览和调整渲染结果。

【全局开关】控制和调整渲染总体环境设定。

【图像采样器（抗锯齿）】图像采样参数选项和使用调和阴影来使图像线条的锯齿边平滑的选项。

【间接照明（全局照明）】启用 GI 全局光照，计算光子在物体之间的反弹。

图 6-16　VRay 渲染面板

【发光贴图】记录和调用 GI 计算后的结果数据来渲染图像。

【穷尽－准蒙特卡罗】一种 GI 计算标准。

【焦散】计算光反弹 / 折射后的光汇集状况。

【环境】启用环境（天光）光源和反射 / 折射环境源。

【DMC 采样器】准蒙特卡罗计算标准的采样设定。

【颜色映射】渲染通道和色彩饱和的选项设定。

【相机】对摄像机的控制。

【默认置换】默认置换的参数设置。

【系统】系统控制参数及打开信息提示。

## 二、关键渲染参数详解

关键渲染参数主要包括"全局开关"、"图像采样器（抗锯齿）"、"间接照明（全局照明）"、"发光贴图"、"穷尽－准蒙特卡罗"、"焦散"、"环境"、"DMC 采样器"、"颜色映射"、"相机"、"默认置换"、"系统"卷展栏。

（1）打开"全局开关"卷展栏，如图 6-17 所示。

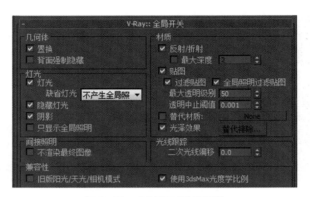

图 6-17 "全局开关"卷展栏

【几何体】是否有置换。

【灯光】是否有灯光；是否为 Max 默认灯光；是否隐藏灯光；是否有阴影；是否只显示全局光。

【间接照明】是否不渲染最终的图像。

【材质】是否打开反射 / 折射；设定最大深度；是否有贴图；是否过滤贴图；设定最大透明级别；设计定透明中止阈值；是否使用覆盖场景的材质；是否使用光泽效果 ( 反射 / 折射模糊 )。

【光线跟踪】二次光线反弹偏移值。

(2) 打开"图像采样器 ( 抗锯齿 )"卷展栏，如图 6-18 所示。

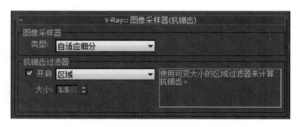

图 6-18 "图像采样器 ( 抗锯齿 )"卷展栏

VRay 提供图像采样计算模式。

【固定】最简单的采样方法，它对每个像素采用固定的几个采样。

【自适应准蒙特卡罗】一种较高级的简单采样，对于图像中的像素首先少量采样，然后对某些像素进行高级采样以提高图像质量。

【自适应细分】一种 ( 在每个像素内使用少于一个采样数的 ) 高级采样器。它是 VRay 中最值得使用的采样器。一般来说，相对于其他采样器，它能够以较少的采样 ( 花费较少的时间 ) 来获得相同质量的图像。

(3) 打开"间接照明 ( 全局照明 )"卷展栏，如图 6-19 所示。

【开启】开启间接照明控制菜单，这样就可以进行光子反弹计算了。

【全局照明焦散】有"反射"和"折射"两个控制选项，分别计算由物体表面反射的光子情况、从物体内部折射出的光子情况。

【后期处理】可对最终输出图像的色彩进行简单处理。

【饱和度】控制色彩的饱和程度。

【对比度】控制色彩反差亮度。

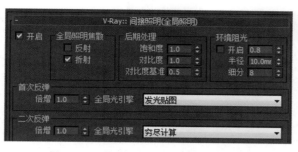

图 6-19　"间接照明（全局照明）"卷展栏

【对比度基准】设定对比度增量基础值。当上面的对比度标准值增大时，基础值决定了对比度发生变化的数值底线。

【首次反弹】和【二次反弹】计算 GI 全局照明的两个级别。首次反弹主要计算明暗之间的反弹情况，二次反弹主要计算不同色彩间的反弹情况。

【倍增】决定照明强度。

【全局光引擎】反弹计算模式的选择，提供了四个选项——发光贴图、穷尽计算、光子贴图、灯光缓存。

(4) 打开"发光贴图"卷展栏，如图 6-20 所示。

【最小采样比】决定第一次反弹的 GI 传递分析量，例如，值为 -1，就表示分析一半的传递。

【最大采样比】决定最后反弹的 GI 传递分析量。

【颜色阈值】控制计算间接照明过程的灵敏度。数值越小越灵敏，图像质量也越高。

【法线阈值】控制计算表面法线和表面细节过程的灵敏度。

图 6-20　"发光贴图"卷展栏

【间距阈值】控制计算物体间距离的灵敏度。数值越大，则给予适当位置的采样也就越多。

【半球细分】控制个别 GI 的品质。低数值会使画面产生污点；高数值会产生平滑的曲面。

【插值采样值】控制间接照明的 GI 取样数目。

(5) 打开"穷尽 - 准蒙特卡罗"卷展栏，如图 6-21 所示。

图 6-21　"穷尽 - 准蒙特卡罗"卷展栏

【细分】计算近似 GI 的采样数。

【二次反弹】计算二次反弹的数量。

(6) 打开"焦散"卷展栏，如图 6-22 所示。

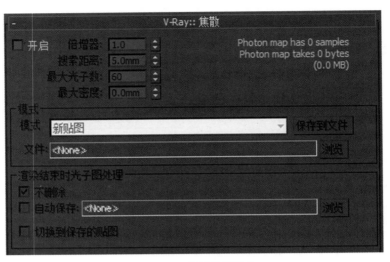

图 6-22　"焦散"卷展栏

作为一种先进的渲染系统，VRay 支持散焦特效的渲染。为了产生这种效果，场景中必须有散焦光线发生器和散焦接收器。模式和渲染后的设置方式与发光贴图的存储意义一样，保存后可以重新调用散焦贴图文件进行渲染。

【开启】开启焦散控制菜单，开始对光子聚焦和散焦进行计算。

【倍增器】控制焦散光子的亮度。

【搜索距离】设定跟踪光子碰撞后搜寻辐射面积的半径值。

【最大光子数】限定辐射范围内最多有多少光子发光。

【最大密度】限定有效光子的密度。判断辐射区域里增加的光子是否有效，由此控制散焦贴图的文件存储大小。

(7) 打开"环境"卷展栏，如图 6-23 所示。

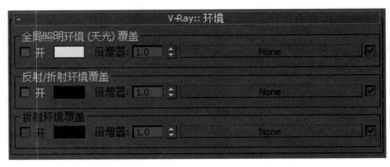

图 6-23　"环境"卷展栏

VRay 渲染器的环境选项用来指定使用全局照明、反射以及折射时使用的环境颜色和环境贴图。如果没有指定环境颜色和环境贴图，那么 Max 的环境颜色和环境贴图将被采用。

【全局照明环境 ( 天光 ) 覆盖】设定 VRay 的环境光色彩及倍增，也可以利用贴图来展现背景色对光照的影响。

【反射 / 折射环境覆盖】可以设定 VRay 下的反射 / 折射环境色彩及倍增，也可以利用贴图创造环境。

(8) 打开"DMC 采样器"卷展栏，如图 6-24 所示。

图 6-24 "DMC 采样器"卷展栏

【自适应数量】决定了有多少数量的采样依赖一次模糊。

【最少采样】决定了在运算结束前完成的最小取样数量。

【噪波阈值】控制画面噪波程度，数值越小噪波越小。

【全局细分倍增器】控制全局细分程度。影响包括摄像机模糊、运动模糊、面积阴影等的细分程度。

【独立时间】开启后 DMC 的样式会保持到动画的每一帧，这样有可能导致在一些情况下产生不良效果。如果关闭，那么 DMC 的样式会随时间的改变而改变。

(9) 打开"颜色映射"卷展栏，如图 6-25 所示。

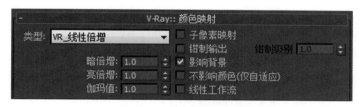

图 6-25 "颜色映射"卷展栏

【类型】里面列有多种绘制方法，分别是"线性倍增"、"指数"、"HSV 指数"、"强度指数"、"伽玛校正"、"亮度伽玛"、"ReinHard"。通过这些可以改变最终图像的曝光色彩。

【暗倍增】调节黑暗处的强度。

【亮倍增】调节明亮处的强度。

【伽玛值】使颜色亮度不超过屏幕亮度值 1。

【影响背景】对背景颜色产生影响。

(10) 打开"相机"卷展栏，如图 6-26 所示。

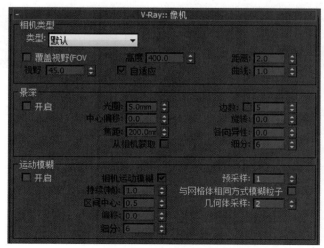

图 6-26 "相机"卷展栏

127

【类型】包含多种摄像机，有标准、球形、圆柱形、圆柱体 - 垂直线式、盒形、鱼眼形、弯曲的球形 - 老风格。

【覆盖视野】迫使场景内摄像机视野无效，此时使用 VRay 的摄像机视野 FOV。

【高度】用于圆柱体 – 垂直线式摄像机视野高度的设置。

【自适应】开启后将自动计算鱼眼形摄像机的距离值。

【距离】用于设置鱼眼形摄像机与景物 ( 球形中心 ) 间的距离。在自动开启时无效。

【曲线】控制鱼眼形摄像机画面弯曲。

(11) 打开"默认置换"卷展栏，如图 6-27 所示。

图 6-27　"默认置换"卷展栏

【覆盖 Max 的设置】开启后为 VRay 特性的置换效果，关闭后为 Max 特性的置换效果。

(12) 打开"系统"卷展栏，如图 6-28 所示。

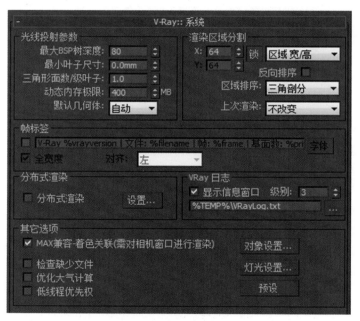

图 6-28　"系统"卷展栏

【光线投射参数】控制 VRay 的二元空间分割树系结构。此选项是对光线在几何场景内的交叉进行判断的一种基础操作。

## 第六节　材质的表现应用

材质的调制标准：以现实世界中的物体为依据，真实地表现出物体材质的属性。

需要注意的是，如果用 VRay 进行渲染，最好将默认的标准材质指定为"VRayMtl"

材质。

## 一、金属

不锈钢属于高反光的材质，也就是说环境对它的影响很大。表现不锈钢的重点是环境。金属材质的表现步骤如下。

(1)"Diffuse"设置为"黑色"，这样可以让渲染出来的不锈钢更有对比度。

(2)"反射"设置为"半灰"，如RGB值设为180。颜色越白，反射越强，如图6-29所示。

## 二、磨砂金属

在不锈钢材质的基础上，光泽度(反射模糊)为0.85，如图6-30所示。

图6-29　金属

图6-30　磨砂金属(一)

在不锈钢材质的基础上，凹凸贴图通道添加噪波贴图(速度最快)，如图6-31所示。材质应用如图6-32所示。

图6-31　磨砂金属(二)

图6-32　金属材质应用示例

## 三、清玻璃

清玻璃材质的表现步骤如下。

(1) 漫射色的RGB值设为128。

(2) 反射色的RGB值设为33。

(3) 折射色的RGB值设为237，如图6-33所示。

## 四、有色玻璃

【烟雾颜色】控制透光色。

【烟雾倍增】较小的值可以产生更透明的雾。

对有色玻璃的漫射色，重点应放在烟雾颜色和烟雾倍增上。

如果想呈现椭圆的高光：高光光泽度0.92，BRDF(各向异性)中，高光类型设置为沃德，这样不锈钢会更亮，更接近铝合金的质感!

**129**

烟雾颜色计算物体内部的折射颜色，其作用是用一个特定的颜色给折射上色，产生的效果是较厚的区域比较薄的区域暗一些。有色玻璃的材质参数如图 6-34 所示。

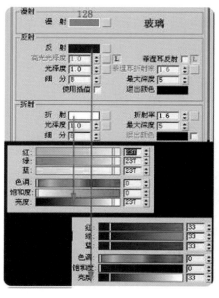

图 6-33　清玻璃的材质参数

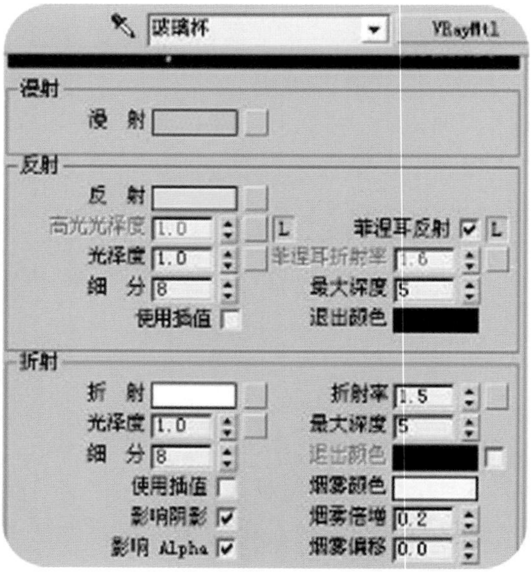

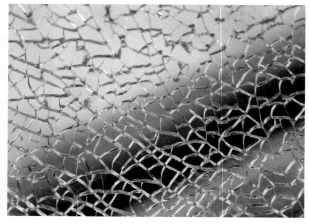

图 6-34　有色玻璃的材质参数

### 五、磨砂玻璃和裂纹玻璃

磨砂玻璃：在清玻璃的基础上，凹凸通道添加噪波贴图，如图 6-35 所示。

裂纹玻璃：在清玻璃的基础上，凹凸通道添加冰裂图案，如图 6-36 所示。

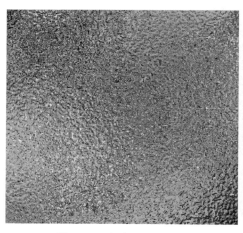

图 6-35　磨砂玻璃示例

图 6-36　裂纹玻璃示例

玻璃材质的应用示例如图 6-37 所示。

### 六、水

水和玻璃的材质非常相似。

水材质表现步骤如下：

(1) 折射色为白色，完全透明，IOR 值为 1.3；

(2) 颜色为烟雾颜色，如图 6-38 所示。

图 6-37 玻璃材质的应用示例

图 6-38 水示例

## 七、玻璃

VR 材质里有一个环境通道，它的用处是可以调节材质自身的环境设置，如反射或折射的环境。

在环境里加上 output 贴图可以加强反射，可以控制材质在没有反射环境的情况下单独调节，让反射更真实，如图 6-39 所示。

图 6-39 玻璃材质反射示例

## 八、陶瓷

陶瓷在室内装饰中的使用非常频繁，几乎处处可见，如花瓶、餐具、洁具等。陶瓷具有明亮的光泽，它的表面光洁均匀，晶莹润泽。反射色为灰色(RGB 为 40 ~ 50)，如果采用 Falloff 贴图，则使用菲涅耳反射，如图 6-40 所示。

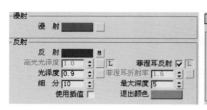 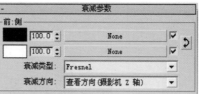 

图 6-40　Falloff 贴图应用示例

### 九、墙面

因为世界上没有纯白的东西。在设置白色材质的时候不要将 RGB 都设置为 255。因为过高的 RGB 值在使用 VR 渲染的时候可能会曝光。相反，适当降低 RGB 值反而会得到一个比较好的效果，所以 RGB 值可选 230 ~ 240。

反射色的 RGB 为 10，光泽度设为 0.7。取消勾选"选项"界面的"跟踪反射"的选项，如图 6-41 所示。这样可以让材质有高光，会使墙更白，但不产生反射。

图 6-41　"选项"界面

### 十、地砖

#### 1. 抛光地砖

(1) 漫反射设为位图；

(2) 反射色的 RGB 值为 30 ~ 80 或者采用 Falloff 贴图 ( 菲涅耳衰减类型 )；

(3) 高光设为 0.75。

抛光地砖如图 6-42 所示。

#### 2. 亚光地砖

在抛光地砖的基础上，光泽度 ( 模糊反射 ) 设为 0.85。

亚光地砖如图 6-43 所示。

图 6-42　抛光地砖　　　　　　　　　　图 6-43　亚光地砖

### 十一、木地板材质

(1) 漫射通道指定地板贴图。

(2) 凹凸通道指定相同贴图。

(3) 反射通道为 Falloff 贴图，衰减类型改为 "Fresnel"，颜色为黑和灰。

(4) 光泽度设为 0.8，细分设为 15( 细分越小，速度越快 )。

(5) 反射通道为 Falloff 贴图中的 Fresnel 类型，不是通过贴图通道的百分比降低反射，而是把默认的黑白颜色变为黑和灰，来降低反射效果。

如图 6-44 所示为木地板材质参数。

### 十二、家具木料

(1) 漫射贴图。

(2) 反射：RGB 为 30 ~ 50。

(3) 光泽度：设为 0.8 ~ 0.9，形成比较大的反射模糊，细分加大。

图 6-45 为木料材质参数图，图 6-46 为木料材质应用实例。

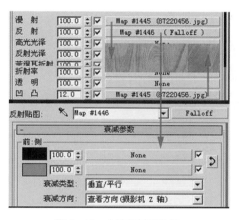
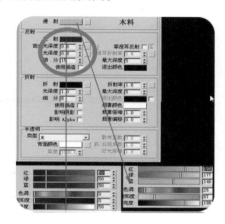

图 6-44　木地板材质参数　　　　　　　图 6-45　木料材质参数

图 6-46　木料材质应用实例

### 十三、布料材质

在表现布料材质的时候，通常会用到 Falloff 衰减贴图和凹凸贴图，这样可以模拟出真实布料表面的细小绒毛和纹理，给人舒适、柔软的感觉。

做法：漫射通道→Falloff 衰减贴图→布纹贴图放在黑色通道→衰减类型设为"Fresnel"→凹凸值设为 60。

"Fresnel"：可以在面向视图的曲面产生暗淡的反射，在有角的面上产生明亮的反射，参数设置如图 6-47 所示。

图 6-47　参数设置

## 十四、窗纱

(1) VR 标准材质。

(2) 漫射设为窗纱颜色或指定贴图。

(3) 无反射值，RGB=0( 布是柔软的，不是玻璃，没有反射 )。

(4) 调整折射的 Falloff 默认参数，IOR 强度设为 1.0，调整曲线为前高后低。

(5) 若需要表现太阳的光影，则勾选"影响阴影"。

(6) "BRDF"中的高光方式改为"Phong"，如图 6-48 所示。

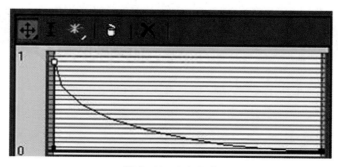

图 6-48　高光方式

## 十五、透光窗纱

(1) ～ (4) 与窗纱步骤相同。

(5) 折射贴图改为 MIX(Keep old，保留旧贴图 )。

① Color1： Falloff(0，45)，曲线同上 ( 不太透明 )。

② Color2： Falloff(0，255)，曲线同上 ( 透明 )。

③ Mix amount：黑白花纹图案 ( 黑色部分显示 1 号贴图，白色部分显示 2 号贴图 )。

透光纱窗效果如图 6-49 所示。

图 6-49　透光纱窗

## 十六、皮革材质

(1) 漫射区指定颜色。

(2) 反射色为 50，或者 Falloff、黑和灰、菲涅耳类型。

(3) 光泽度设为 0.8。

(4) 高光设为 0.75。

(5) 凹凸贴图：黑白皮质图。

皮革材质如图 6-50 所示，皮沙发效果如图 6-51 所示。

图 6-50　皮革材质　　　　　　　　图 6-51　皮沙发

### 十七、地毯材质

(1) 创建一个平面作为地毯，段数设置偏大些。

(2) 添加 VRay 置换编辑修改器，选黑白地毯贴图，加大数量参数。

(3) 材质上贴一张地毯贴图，如图 6-52 所示。

图 6-52　地毯材质参数

## 第七节　创建属于自己的材质库

创建材质库的步骤如下。

(1) 打开材质编辑器，单击横向工具栏中的"获取材质"。

(2) 在对话框中，选择"Browse From( 浏览自 )"中的"材质库"选项。

(3) File/open: 打开系统自带的任何一个材质库。

(4) 单击横向工具栏中的"清空材质库"选项。

(5) 单击纵向菜单"save as"另存材质库。

(6) 关闭该窗口。

(7) 选中准备保存的材质，单击材质编辑器中的按钮"放入库"，命名并保存。

(8) 依次保存完所有的材质后，把该材质库文件存储到便携 U 盘或移动硬盘中，下次作图时直接调用即可。

各种常用材质的参数值如下。

(1) 墙体：漫射贴图，颜色为白色。

(2) 地面：木质，选亮面。在漫射中选贴图，选择位图，并拖曳到凹凸中，值设为 15。反射值设为中间值，光泽度为 0.85 ~ 0.95。亚光面的反射色为偏黑色，反射值小，光泽度为 0.7 ~ 0.8。有缝的表面，把漫射后面的贴图拖曳到凹凸的后面，适当调节数值。

(3) 玻璃：漫射色为偏蓝色；反射色尽量调小；折射色越白越透明。

(4) 白钢：漫射贴图设为黑色，反射色为白色；反射色的 RGB 为 200 ~ 210；光泽度为 0.98 ~ 1。

(5) 镜子：和白钢一样，漫射色设为黑色，反射色设为白色。

(6) 布：漫射色设为固有色；在漫射中设贴图，再设衰减值，在黑色后面设纹理贴图，复制到白色上，值为 90 ~ 100。

(7) 皮子：反射色为 40，高光光泽度为 0.65，细分值较高。在漫射中设贴图，再设衰减值，在黑色后面设纹理贴图，复制到白色上，值为 80 ~ 100。

(8) 显示器（电脑、电视屏幕）：设 VR 灯光材质，数值为 4。

(9) 大理石：反射较强；光泽度为 0.85；为漫射中设贴图，并将贴图拖曳到凹凸中。贴图类型为 UVW 贴图。

(10) 瓷器：反射面高光光泽度 0.95，要打开菲涅耳反射。

## 本 / 章 / 小 / 结

　　本章主要讲解了 VRay 渲染器的界面和基本参数，用 VRay 渲染器对物体进行材质编辑，并讲解了室内外空间中常用材质的参数值。主要掌握添加 VRay 材质的方法和常用物体的材质参数值。

## 思考与练习

1. "材质编辑器"的快捷键是什么？

2. 瓷砖材质有几种？如何设置参数？

3. 调制材质的标准是什么？

4. 漫反射和反射分别代表什么？

# 第七章
# 灯光与摄像机

## 章节导读

■ 灯光的种类；

■ 布光程序与方法。

## 第一节 摄像机

摄像机提供了多种视角，可以得到从不同视角观察场景的效果，下面将对其种类、创建以及参数设置进行介绍。

### 一、摄像机的种类

如图 7-1 所示，3ds Max 2011 中的摄像机创建命令面板提供了两种摄像机：目标摄像机和自由摄像机。目标摄像机是场景中常用的一种摄像机，它有摄像机点和目标点，可以在场景中选择目标点，通过摄像机点的移动来选择任意的观看角度；自由摄像机和目标摄像机只有一个区别，即自由摄像机没有目标点，用这种摄像机可设置镜头沿着一定的轨迹移动的动画效果。

### 二、摄像机的创建

下面以创建目标摄像机为例进行介绍。

(1) 打开一个场景文件，如图 7-2 所示。

图 7-1　摄像机创建命令面板

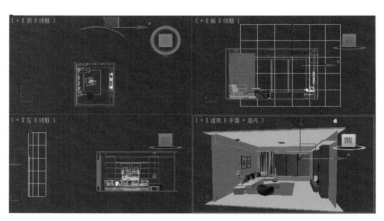

图 7-2　场景

（2）单击"创建"按钮，进入创建命令面板。单击"摄像机"按钮，进入摄像机创建命令面板。单击"目标"按钮，在视图中创建一架目标摄像机，激活透视图，然后按"C"键将其切换到摄像机视图，如图 7-3 所示。

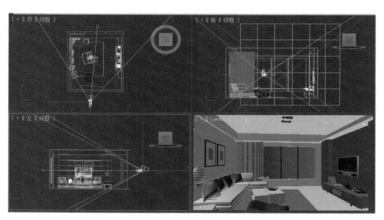

图 7-3　创建摄像机

### 三、摄像机参数的设置

在场景中创建了摄像机后，除了调整它的位置外，用户还可以通过设置镜头的各种参数改变摄像机视图的效果。

在视图中选中摄像机，然后单击"修改"按钮，进入摄像机参数设置面板，如图 7-4 ～图 7-7 所示。

  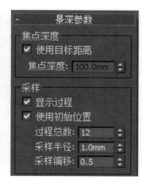 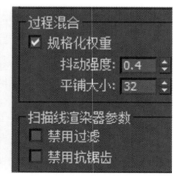

图 7-4　参数（一）　　图 7-5　参数（二）　　图 7-6　参数（三）　　图 7-7　参数（四）

【镜头】用来设置摄像机镜头的焦距。

【视野】用来设置摄像机在场景中摄像视角的大小。

【正交投影】选中此复选框，将产生像机械制图一样的正交投影效果，而不产生透视引起的变形。

【备用镜头】设置各种模拟镜头的类型，从 15 mm 到 20 mm 的广角镜头，50 mm 的标准镜头到 200 mm 的长焦距镜头。选择一种镜头类型，3ds Max 2011 即将摄像机视图改为相应的镜头效果。

【显示圆锥体】选中此复选框，将显示取景范围的锥形线框。

【显示地平线】选中此复选框，将显示取景范围的地平线。

【环境范围】如果为场景设置了雾等环境效果，这一参数用来设置环境效果在摄像机视图中的影响范围。在视图中可用"显示"复选框来表示环境范围。"近距范围"和"远距范围"分别设置摄像机镜头来渲染环境的范围。

【剪切平面】剖面图也为摄像机定出一个范围，但剖面是把场景设置的范围剖开，渲染摄像机视图时，只渲染该范围内的物体。如果创建了一个被墙围住的室内场景，而摄像机又设置在室外，可以用剖面图来显示室内的景物。

【手动剪切】选中该复选框，即可通过调整"近距剪切"和"远距剪切"的值来确定剖面范围。

【启用】选中此复选框后可激活"预览"按钮，在视图中可预览多个进程的渲染效果。

【目标距离】用来设置摄像机点与目标点的距离。

# 第二节　灯　　光

## 一、初识灯光

灯光的基本功能是照亮空间，更进一步的功能是营造场景的气氛，使得场景的各个元素有层次之分。

光照阴影是 VRay 在全局光功能上的独到之处，也是它与其他渲染器竞争的核心优势。VRay 的专用灯光阴影会自动产生真实且自然的阴影。VRay 还支持 3ds Max 默认的灯光，并提供了 VRayShadow 专用阴影，如图 7-8 所示。

图 7-8　光照阴影效果

【小贴士】每一种光都有自己的物理属性，因此自然界中的每一种光都是唯一的，在 3D 场景中也是如此。虽然计算机中的灯光是完全参数化（通过数字控制）的，但在实际操作中，由于受到不同场景中的不同位置、不同镜头和不同环境的影响，即使所有的参数完全一致，也很难实现完全相同的灯光效果。

### 二、布光原则

布光的方法很多，作图之前要先预想一下做出的效果，才不会盲目布光。布光时，尽量按照实际布光，必要时增加补光。先主后次，先大后小。

开始布光时，从天光开始，然后逐步增加灯光，大体顺序为天光→阳光→人工装饰光→补光。如环境明暗灯光不理想，可适当调整天光强度或提高曝光方式中的变暗倍增值，直至合适为止。

### 三、VR 灯光类型

VR 灯光类型如图 7-9 所示。

(1) VR_ 光源：主要用来模拟室内光源。

(2) VR_IES：一个 V 型的射线光源插件，可以用来加载 IES 灯光，能使灯光分布更加逼真。

(3) VR_ 环境光：可以模拟真实的环境光照效果。

(4) VR_ 太阳：主要用来模拟真实的室外太阳光。

图 7-9  VR 灯光类型

#### 1. VR_ 光源

VR_ 光源是最常用的灯光之一。参数比较简单，效果非常真实。一般用来模拟柔和的灯光、灯带、台灯、补光灯等。参数如图 7-10 所示。

(1) 基本。

【开】控制灯光是否产生作用。

【排除】设置不受灯光影响的对象。

【类型】平面、穹顶、球体、网格。

【平面】平面矩形，主要用于表现室内灯光及户外灯光。

【穹顶】与天光效果类似，沿着 Z 轴以半球向周围发射光线。球体形状的灯光在室内设计中被广泛使用，主要用于表现台灯、照明灯、辅助灯光等。

【网格】以一种网格为基础的灯光。

(2) 亮度。

【单位】灯光亮度单位列表里提供了 5 种模式。

①【默认（图像）】VRay 默认单位，依靠灯光的颜色和亮度来控制灯光的强弱，如果忽略曝光类型的因素，灯光色彩将是物体表面光的最终色彩。

②【光通量】简写成"Lm"，指反射光占光源总发光量的比率值。

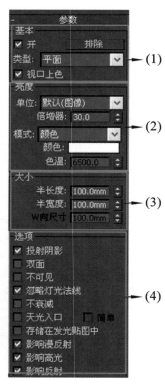

图 7-10  VR 光源参数

③【发光强度】它表示的是发光体表面的亮度，指从特定方向观察到的实物亮度。亮度与照度、辉度的概念是不同的，照度指的是受光面的能量，辉度指的是受光面的亮度。亮度与灯光的尺寸与强度成正比。

④【辐射量】选择该模式后，灯光的大小对光的强度没有任何影响。

⑤【辐射强度】选择该模式后，灯光的亮度与它的大小有关系。

【颜色】控制灯光的颜色。

【倍增器】设置灯光的照明强度，取不同的值有不同的效果。

(3) 大小。

【半长度】表示灯光的半长度。当选择平面类型时，灯光的实际长度是"半长"的两倍，即如果"半长"的值为200，则实际的尺寸为400。选择穹顶模式时，"尺寸"选项不能设置。选择球体模式的时候，设置的是半径的尺寸。

【半宽度】表示灯光的半宽度，其设置原理与半长度相同。

【W 向尺寸】目前该选项一直没有可采用的开启模式。

(4) 选项。

【投射阴影】决定灯光是否产生阴影效果，默认为勾选状态。

【双面】决定平面类型灯光是否两面发光。

【不可见】决定灯光渲染是否可见。勾选此项后，灯光只产生照明效果，不显示光源形状。这在制作室内灯光中经常用到，以避免在反射物体表面留下直接的光源形状。

【忽略灯光法线】默认为勾选状态，指光源向物体的表面均匀发光。勾选此项后，灯光将按照灯光法线方向对物体表面发光。这样灯光的照明效果会受到一定程度的削弱。

【不衰减】VRay 灯光为高级照明物体，即通常说的高级灯光。所以，在默认设置中，VRay 灯光中是自带衰减效果的，可以模拟真实的物理环境。默认为关闭状态，勾选此项后，灯光将不因距离的变化而产生衰减效果，在任何单位尺寸的距离中灯光都是按照同一个强度进行照明的。

【天光入口】默认为关闭状态。勾选后，在"环境和效果"对话框的公共参数中，可以控制光的颜色和强度。

【存储在发光贴图中】VRay 渲染器在使用 GI 引擎为发光贴图时，勾选此项，渲染时将重新使用计算时所用的数据和信息。这个命令主要用于一次反弹引擎选用发光贴图的时候，VRay 灯光的光照信息将被保存在发光贴图里。在渲染光的时候速度会很慢，但在最终渲染的时候，渲染速度会得到明显地提升。

图 7-11~ 图 7-13 为"双面"、"不可见"、"细分"三种不同参数值的效果对比。

(5) 采样。

未勾选"双面"

勾选"双面"

未勾选"不可见"

勾选"不可见"

图 7-11　双面参数对比　　　　　　　　　　图 7-12　不可见参数对比

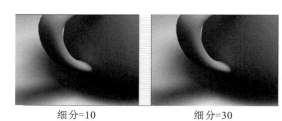

细分=10　　　　　　　细分=30

图 7-13　细分参数对比

【细分】数值越高，灯光渲染效果越精细，画面噪波数目越少。但同时，高品质的渲染画面也会带来渲染时间的增加。

【阴影偏移】用来设置物体的阴影位置，数值越大，阴影偏移的效果越明显。

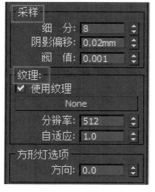

图 7-14　采样和纹理参数

(6) 纹理。

【使用纹理】控制是否使用贴图作为半球光源。

【None】选择贴图通道。

【分辨率】贴图光照的计算精度，最大值为 2048。

采样和纹理的参数值如图 7-14 所示。

### 2. VR_ 太阳

VR_ 太阳是 VR 光源中非常重要的灯光类型，和 VR_ 天空配合，主要用来模拟日光的效果，VR_ 太阳随着 VR_ 天空的位置的变化而变化。如图 7-15、图 7-16 所示。

【开启】控制灯光开启与关闭。

【不可见】控制灯光是否可见。

【投射大气阴影】控制是否产生阴影。

【混浊度】控制空气的清洁度，数据越大阳光越暖。一般情况下，白天正午时数值为 3 ~ 5，下午时为 6 ~ 9，傍晚时为 15。有效值为 2 ~ 20。

【臭氧】设置臭氧层的稀薄程度，值越小，臭氧层越稀薄，到达地面的光越多，光的漫射效果越强。有效值为 0 ~ 1。

【强度倍增】设置阳光的强度，如果使用 VRay 物理摄像机，一般为 1 左右；如果使用 3ds Max 2011 自带的摄像机，一般为 0.002 ~ 0.005。

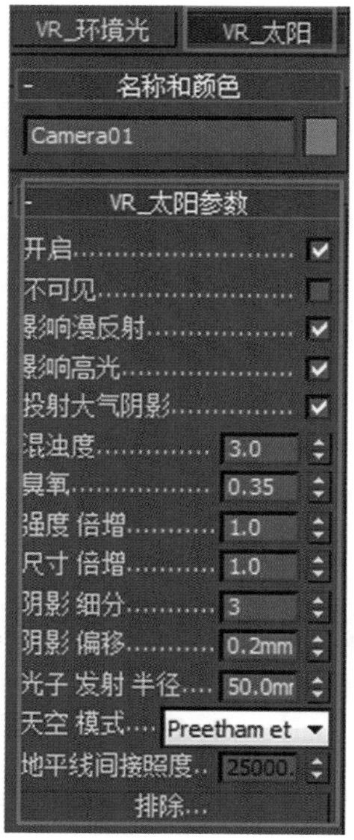

图 7-15　VR 太阳参数

图 7-16　VR_ 天空参数

【尺寸倍增】设置太阳的尺寸，值越大，太阳的阴影就越模糊。

【阴影细分】设置阴影的细分程度，值越大，产生的阴影越平滑。

【阴影偏移】设置阴影的偏移距离。

【手设太阳节点】VR_ 天空的参数随 VR_ 太阳自动匹配；用户可以通过太阳节点自主选择光源。

【太阳节点】可手动选择需要作为阳光的光源。

### 3. VR_IES

一个 V 形射线特定的光源插件，可用来加载 IES 灯光，能使光分布得更加逼真 (IES 文件 )。VR_IES 和 Max 光度学中的灯光类似，比普通的灯光要亮，如图 7-17 所示。

图 7-17　VR_IES

IES：光域网文件，为照明生产厂商为其产品提供的一种电子版说明性文件，主要用于说明此产品的功率、发光特点、阴影特点、色温等信息。

其参数设置如图 7-18 所示。

【None】用来导入光域网文件。

【中止值】指定一个光的强度，低于该值的灯将无法计算相关参数。

图 7-18　VR_IES 参数

【使用光源形状】勾选 IES 指定的光的形状，在计算阴影时作为考虑因素。

【功率】确定光的强度。

【小贴士】光域网文件 (.ies) 是一种关于光源亮度分布的三维表现形式，一般是预选设置好的光线分布形式，包含了光源的照明方向、光线分布、照度等信息。在光度学灯光的光照形式中，除了点射、各向同性以外，还提供光域网照明形式，在选择这种照明形式后，在相对应的光域网属性中选择一个光域网文件 (.ies)，那么在渲染过程中光源的照明就会按照选择的光域网文件中的信息来表现，做到普通照明无法做到的散射、多层反射、日光灯等效果。如图 7-19 所示。

### 4. VR_ 环境光

VR_ 环境光和标准灯光下的天光类似，主要用于创建光 ( 不从一个特定的方向 )。有时也用来控制整体环境的效果 ( 一般不用 )，如图 7-20 所示。

## 四、VRay 阴影

在 3ds Max 标准灯光中，"VRay 阴影"是其中的一种阴影模式。在室内外场景或产品场景的渲染过程中，通常将 3ds Max 的灯光设置为主光源，配合 VRay 阴影进行画面的制作。

图 7-19　利用光域网文件的渲染效果

VRay 阴影产生的模糊阴影的计算速度要比其他类型的阴影计算速度快，如图 7-21 所示。

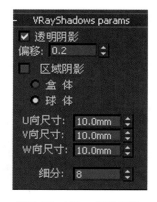

图 7-20　VR_环境光　　　　图 7-21　VRay 阴影参数

【透明阴影】当物体的阴影是由一个透明物体产生时，该选项十分有用。

【细分】VRay 将在低面数的多边形表面产生更平滑的阴影。

【偏移】给定点的光线追踪阴影偏移量。

【区域阴影】打开或关闭面阴影。

【盒体】假定光线是由一个立方体发出的。

【球体】假定光线是由一个球体发出的。

【小贴士】一般布光顺序：白天→夜晚；主光源→次光源；室外→室内；整体→局部。

# 本 / 章 / 小 / 结

　　本节重点讲解 VR 灯光的应用，灯光在室内设计中可以创造出不同的气氛及多重的意境，也能使效果更富有层次感。布光在场景设计中是一个难点，希望同学们通过案例的学习，总结布光规律，为以后的课程学习打好基础。

# 思考与练习

作出如图 7-22 ～图 7-24 所示的吊顶的灯光设计。

图 7-22　吊顶灯光（一）

图 7-23　吊顶灯光（二）

图 7-24　吊顶灯光（三）

# 第八章

# 实例应用

## 第一节　效果图制作的一般流程

### 1. 导入 CAD 平面图

在效果图制作中，经常会先导入 CAD 平面图，再根据导入的平面图的准确尺寸在 3ds Max 中建立造型。DWG 格式是标准的 AutoCAD 绘图格式。

单击菜单栏中的"文件"→"输出"命令，弹出文件选择框，选择 DWG 格式的文件后，会弹出"AutoCAD DWG/DXF 输入选项"对话框。然后单击"确定"就可以打开了。

导入 CAD 文件时，还可以直接将 CAD 文件拖曳到 3ds Max 的界面中，如图 8-1 所示。

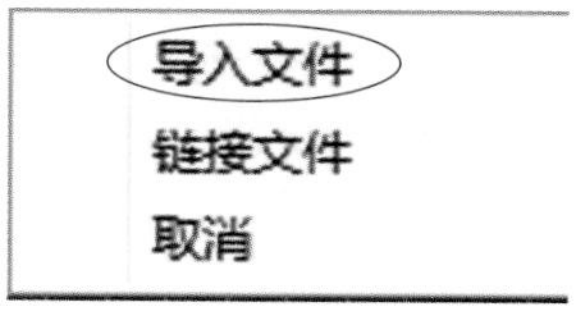

图 8-1　导入文件

### 2. 建立三维造型

建模是效果图制作过程中的第 1 步，也是后续工作的基础与载体。在建模阶段应当遵循以下几点原则。

(1) 外形轮廓准确。

效果图外形的准确是一幅效果图合格的基本条件，如果没有合理的比例结构关系，没有准确的外形轮廓，就不可能有正确的建筑造型效果。在 3ds Max 中，有很多用来精确建模的辅助工具，例如"单位设置"、"捕捉"、"对齐"等。在实际制作过程中，应灵活运用这些工具，以求达到精确建模的目的。

(2) 分清细节层次。

在建模时，在满足结构要求的前提下，应尽量减少造型的复杂程度，也就是尽量减少造型中点、线、面的数量。这样，不仅不影响整个工作的顺利进行，而且会加快渲染速度，提高工作效率，这是在建模阶段需要着重考虑的问题。

(3) 建模方法灵活。

每一个建筑造型，都有很多种建模方法，灵活运用 3ds Max 提供的多种建模方法，制作既合理又科学的建筑造型。合理又科学的建筑造型是制作一幅高品质效果图的首要条件。读者在建模时，不仅要选择一种既准确又快捷的方法来完成建模，还要考虑在以后的操作中，该造型是否利于修改。

(4) 兼顾贴图坐标。

"贴图坐标"是调整造型表面纹理贴图的主要操作命令。一般情况下，原始物体都有自身的贴图坐标，但通过对造型进行优化、修改等操作，造型结构发生了变化，其默认的贴图坐标也会错位，此时应该重新为此物体创建新的贴图坐标。

### 3. 调配并赋予造型材质

当建模完成后，就要为各造型赋予相应的材质。材质是某种材料本身所固有的颜色、纹理、反光度、粗糙度和透明度等属性的统称。想要制作出真实的材质，不仅要仔细观察现实生活中真实材料的表现效果，而且还要了解不同材质的物理属性，这样才能调配出真实的材质纹理。在调制材质阶段应当遵循以下几点原则。

(1) 纹理正确。

在 3ds Max 中，通常通过为物体赋予一张纹理贴图来实现造型的材质效果，而质感是依靠材质的表面纹理来体现的，因此，在调制材质时，要尽量表现出正确的纹理。

(2) 明暗方式要适当。

不同的材质对光线的反射程度不同，针对不同的材质应当选用适当的明暗方式。例如，塑料与金属的反光效果就有很大的不同，塑料的高光较强但范围很小；金属的高光很强，而且高光区与阴影之间的对比很强烈。

(3) 活用各种属性。

真实的材质不是仅靠一种纹理就能实现的，还需要其他属性的配合，例如不透明、自发光、高光强度、光泽度等，用户应当灵活运用这些属性来完成真实材质的再现。

(4) 降低复杂程度。

并非材质的调制过程越复杂，材质效果就越真实，相反，简单材质的调配方法有时更能表现出真实的材质效果。因此，在制作材质的过程中，不要一味追求材质的复杂性，将所有属性都进行设置，而要根据相机的视觉，灵活调配材质，例如，可以将靠近相机镜头的材质制作得细腻一些，而远离镜头的地方则可以制作得粗糙一些，这样不仅可以减轻计算机的负担，而且可以产生材质的虚实效果，增强场景的层次感。

### 4. 设置场景灯光

光源和创造空间艺术效果有着密切的联系，光线的强弱、光的颜色，以及光的投射方式都可以明显地影响空间感染力。

在效果图制作中，效果图的真实感很大程度上取决于细节的刻画，而灯光在细部刻画中起着至关重要的作用，不仅造型的材质感需要通过照明来体现，而且物体的形状及层次也要靠灯光与阴影来表现。3ds Max 提供了各种光照效果，用户可以用 3ds Max 提供的各种灯光去模拟现实生活中的灯光效果。

一般情况下，室外建筑效果图由于其照明依靠日光，因此光照较单一，而室内效果图则大不相同，其光源非常复杂，光源效果不仅和光源的强弱有关，而且与光源位置有关。当在场景中设置灯光后，物体的形状、颜色不仅取决于材质，还取决于灯光，因此在调整灯光时往往需要不断地调整材质的颜色以及灯光参数，使两者相互协调。

无论室内还是室外，照明的设计要和整个空间的性质相协调，要符合空间设计的总体艺术要求，形成一定的环境气氛。

在建模和赋予材质的初期，为了便于观看，可以设置一些临时的相机与灯光，以便照亮整个场景或观看某些细部，在完成建模和赋予材质后，再设置准确的相机和灯光。

5. 渲染输出与后期合成阶段

在 3ds Max 中制作效果图，无论是在制作过程中还是在制作完成后，都要对制作的结果进行渲染，以便观看其效果并进行修改。渲染所占用的时间非常长，所以一定要有目的地进行渲染，在渲染成图之前，还要确定所需的图像大小，输出文件应当选择可存储Alpha 通道的格式，这样便于进行后期处理。

室内效果图渲染输出后，同样需要使用 Photoshop 等图像处理软件进行后期处理。一般情况下，室内效果图的后期处理比较简单，只需在场景中添加一些必要的配景，例如盆景花木、人物和挂画等，另外，还需要对场景的色调及明暗进行处理，以增强场景的艺术感染力。

在处理场景的色调及明暗时，应尽量模拟真实的环境和气氛，使场景与配景能够和谐统一，给人身临其境的感觉。但切记，在任何情况下，都应突出场景主体，室内效果图毕竟不是风景画或艺术照，不论添加怎样的配景和处理怎样的色调，都不可喧宾夺主。

# 第二节　制作卧室效果图

卧室最终效果图如图 8-2 所示。

图 8-2　卧室最终效果图

## 一、制作卧室的基本框架

(1) 设置系统单位为"毫米"，如图 8-3 ~ 图 8-5 所示。

(2) 选择"文件"→"导入"命令，将"卧室平面图 .dwg"导入 ( 勾选"重缩放"，传入的文件单位：毫米 )。全选导入的平面图，选择"组"→"成组"命令，命名为"卧室平面图"。单击右键并选择"冻结当前选择"，如图 8-6 所示。

图 8-3　"自定义"菜单　　　图 8-4　"单位设置"子菜单　　　图 8-5　系统单位设置对话框

图 8-6　"冻结当前选择"

(3) 右击"捕捉开关"按钮，在"捕捉"选项卡中，勾选"栅格点"和"顶点"；在"选项"选项卡中，勾选"捕捉到冻结对象"，如图 8-7、图 8-8 所示。

图 8-7　"捕捉"选项卡　　　　　图 8-8　"选项"选项卡

(4) 在顶视图中，通过"线"按钮绘制一个二维图形，如图 8-9 所示。

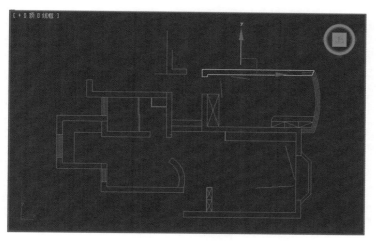

图 8-9　绘制墙 1

(5) 添加"挤出"命令，设置数值为 2850，命名为"墙体 1"，如图 8-10 所示。

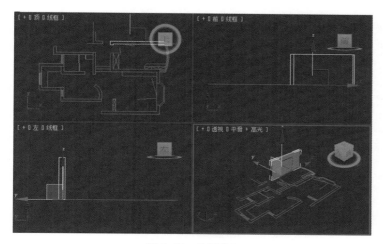

图 8-10　绘制墙 2

(6) 在顶视图中，通过"线"按钮绘制另一个二维图形，如图 8-11 所示。

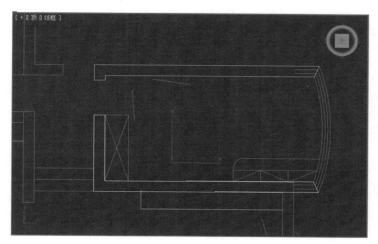

图 8-11　绘制墙 3

(7) 添加"挤出"命令，设置数值为 2850，命名为"墙体 2"，如图 8-12 所示。

图 8-12　绘制墙 4

(8) 在顶视图中，通过"线"按钮绘制窗台上的墙体轮廓，如图 8-13 所示。

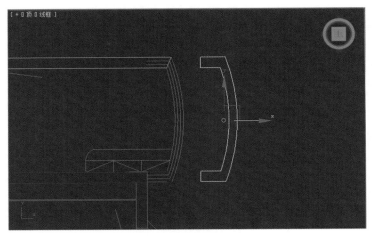

图 8-13　绘制窗台墙 1

(9) 添加"挤出"命令，设置数值为 40，命名为"窗户墙体下"，如图 8-14 所示。

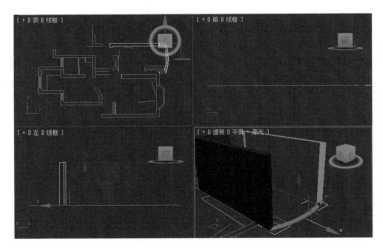

图 8-14　绘制窗台墙 2

(10) 在前视图中，沿着 Y 轴向上复制 (9) 绘制的物体，如图 8-15 所示。

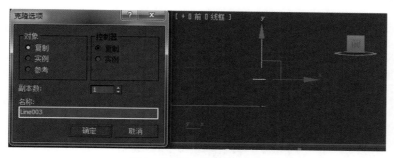

图 8-15　沿 Y 轴复制窗台墙

(11) 将复制的物体命名为"窗户墙体上"，并将"挤出"参数值设置为 40，如图 8-16 所示。

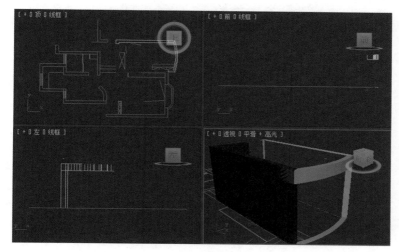

图 8-16　窗户墙体上

(12) 在顶视图中，通过"长方体"命令，创建地面，高度为 150 mm，并调整其位置。如图 8-17 所示。

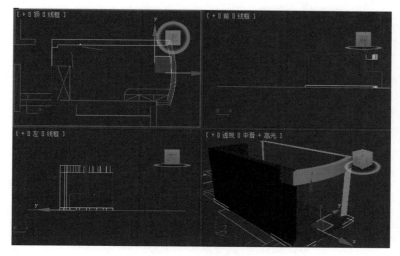

图 8-17　创建地面

(13) 在前视图中，沿着 Y 轴向上复制地面，高度不变，命名为"棚顶"，调整其位置，如图 8-18 所示。

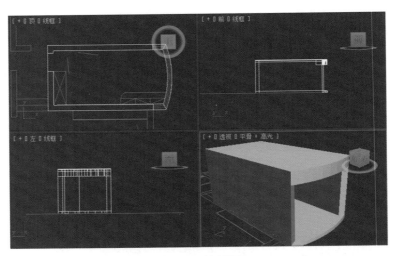

图 8-18  创建棚顶

(14) 在顶视图中，创建一架目标摄像机，设置"镜头"为 24，"视野"为 73.74，调整其位置，将"透视"视图切换为"摄像机"视图，如图 8-19、图 8-20 所示。

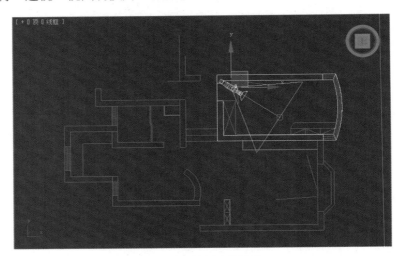

图 8-19  创建目标摄像机

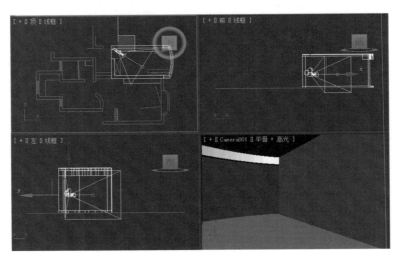

图 8-20  "摄像机"视图

· (15) 添加一盏泛光灯并调整其位置，如图 8-21 所示，主要用于照亮室内环境，渲染效果如图 8-22 所示。

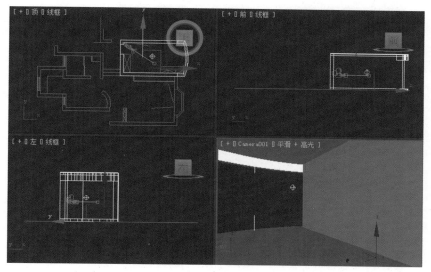

图 8-21　添加泛光灯

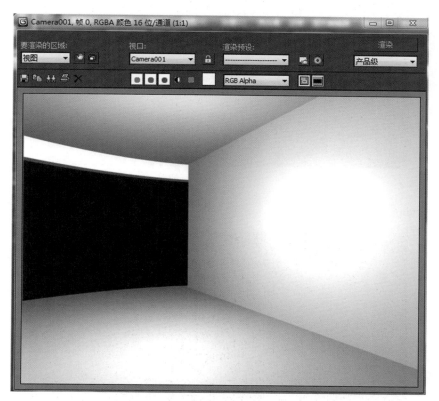

图 8-22　添加泛光灯后的摄像机效果

## 二、创建室内造型

(1) 在前视图中，通过"长方体"命令，绘制出床头背景墙上的画框，厚度为 15 mm，调整其位置，如图 8-23、图 8-24 所示。

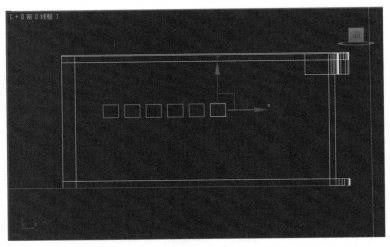

图 8-23　创建画框

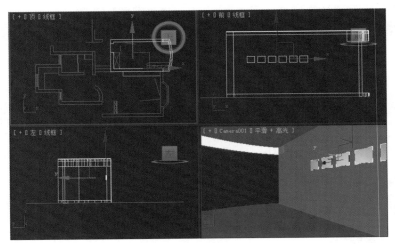

图 8-24　画框位置

(2) 在前视图中，绘制书架造型，线型如图 8-25 所示，"挤出"数值为 300。

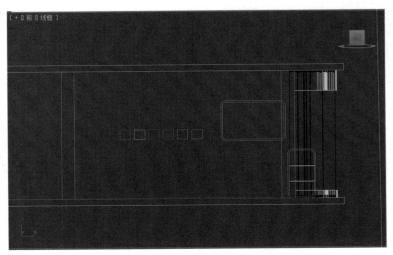

图 8-25　绘制书架

(3) 导入书籍和书架上其他摆件模型，如图 8-26、图 8-27 所示。

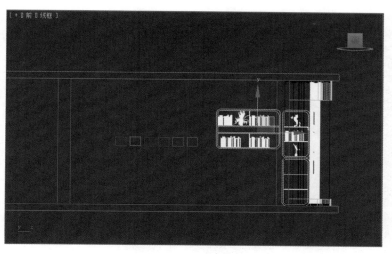

图 8-26 导入书和其他摆件

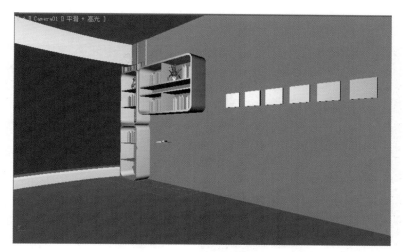

图 8-27 书架及其摆件效果

(4) 导入窗帘，如图 8-28 所示。

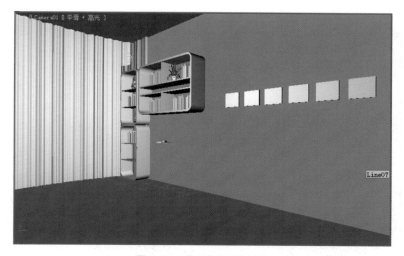

图 8-28 导入窗帘后的效果

(5) 导入办公桌椅，如图 8-29 所示。

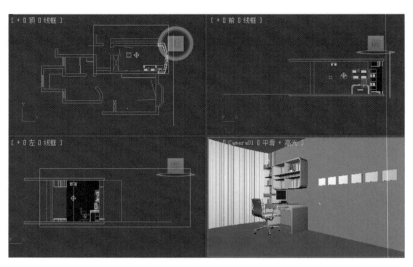

图 8-29　导入办公桌椅后的效果

(6) 用相同的方法导入剩下的家具模型，如图 8-30、图 8-31 所示。

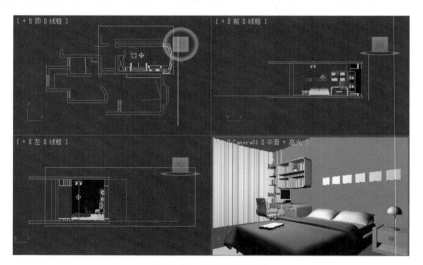

图 8-30　导入床等家具

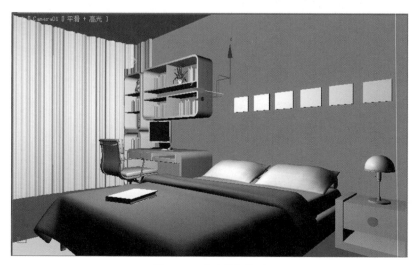

图 8-31　卧室最终模型

### 三、制作材质

#### 1. 壁纸材质

壁纸贴图如图 8-32 所示。壁纸材质参数和应用效果如图 8-33 所示。

图 8-32 壁纸贴图

图 8-33 壁纸材质参数和应用效果

#### 2. 地板

地板的材质参数和应用效果见图 8-34。

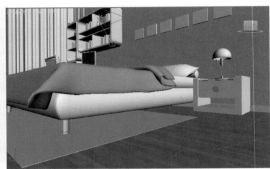

图 8-34　地板的材质参数和应用效果

### 3. 棚顶

棚顶的材质参数和应用效果见图 8-35。

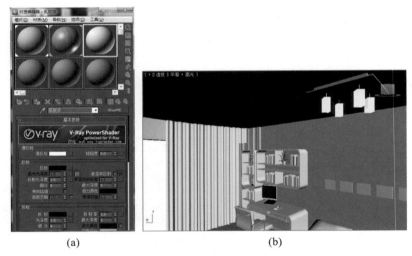

(a)　　　　　　　　　　　　　　(b)

图 8-35　棚顶的材质参数和应用效果

### 4. 地毯

地毯的材质参数和应用效果见图 8-36。

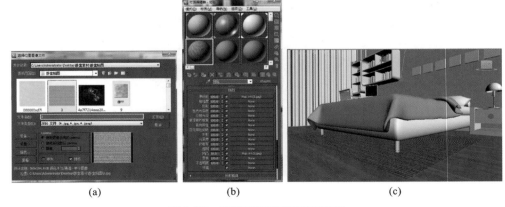

(a)　　　　　　　　(b)　　　　　　　　(c)

图 8-36　地毯的材质参数和应用效果

## 5. 窗帘

窗帘的材质参数和应用效果见图 8-37。

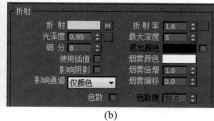
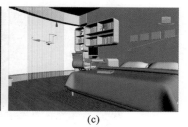

(a)　　　　　　　　(b)　　　　　　　　(c)

图 8-37　窗帘的材质参数和应用效果

## 6. 装饰画

装饰画的材质参数和应用效果见图 8-38。

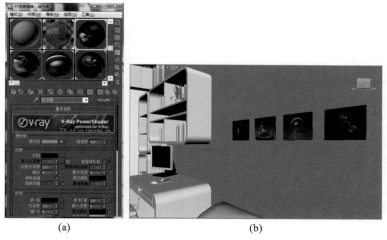

(a)　　　　　　　　　　(b)

图 8-38　装饰画的材质参数和应用效果

## 7. 完成图

完成后的效果图见图 8-39。

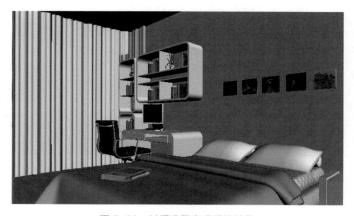

图 8-39　材质设置完成后的效果

### 四、创建灯光

(1) 创建光域网。分别在图 8-40 所示的位置上加上两种不同的点光源，并添加光域网文件，参数值如图 8-41 ~ 图 8-44 所示。

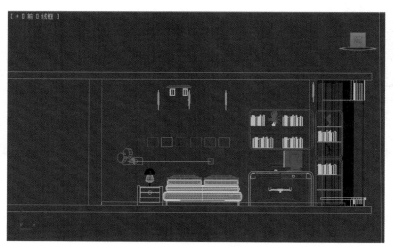

图 8-40　创建点光源

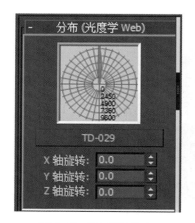

图 8-41　光域网参数 1

图 8-42　光域网参数 2

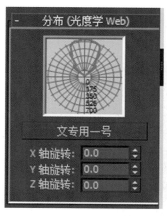

图 8-43　光域网参数 3

图 8-44　光域网参数 4

(2) 在顶视图中创建一个 VR 光源，位置如图 8-45 所示，参数值如图 8-46 所示，添加后的效果如图 8-47 所示。

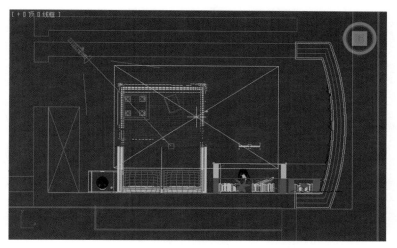

图 8-45　VR 光源 1 位置

图 8-46　VR 光源 1 的参数

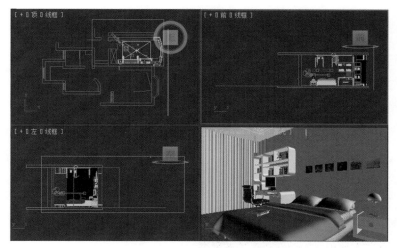

图 8-47　卧室添加 VR 光源 1 后的效果

(3) 在左视图中创建一个 VR 光源，位置如图 8-48 所示，参数值如图 8-49 所示。

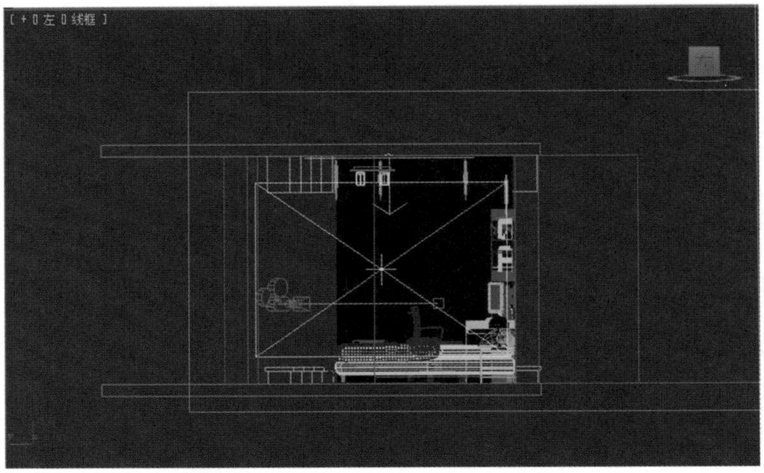

图 8-48 VR 光源 2 的位置

图 8-49 VR 光源 2 的参数

(4) 在左视图中创建一个 VR 光源，位置如图 8-50 所示，参数值如图 8-51 ～ 图 8-53 所示。

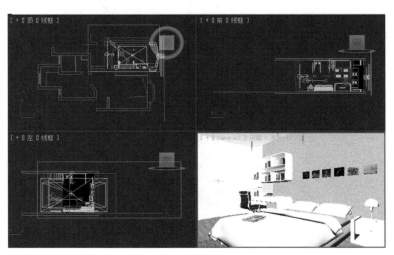

图 8-50 VR 光源 3 的位置

图 8-51　VR 光源 3 的参数 1　　　　图 8-52　VR 光源 3 的参数 2　　　　图 8-53　VR 光源 3 的参数 3

## 五、渲染出图

这部分操作主要是设置一些渲染参数值，其数值设定如图 8-54 ~ 图 8-58 所示。

图 8-54　渲染参数 1　　　　　　图 8-55　渲染参数 2　　　　　　图 8-56　渲染参数 3

图 8-57　渲染参数 4　　　　　　图 8-58　渲染参数 5

## 参考文献
#### References

[1] 成昊 . 新概念 3ds Max 2011 中文版教程 [M]. 北京：科学出版社，2011.

[2] 王玉梅 . 3ds Max 2011 中文版 /VRay 效果图制作实战从入门到精通 [M]. 北京：人民邮电出版社，2012.

[3] 腾龙视觉 . 3ds Max 2011 中文版从入门到精通 [M]. 北京：人民邮电出版社，2012.

[4] 韩翠英 . 3ds Max 2011 中文版从新手到高手 [M]. 北京：清华大学出版社，2011.

[5] 谭雪松 . 从零开始——3ds Max 2011 中文版基础培训教程 [M]. 北京：人民邮电出版社，2012.

[6] 文杰书院 . 3ds Max 2011 中文版基础教程 [M]. 北京：清华大学出版社，2012.

[7] 文东 . 中文版 3ds Max 2011 基础与项目实训 [M]. 北京：科学出版社，2012.

[8] 王成志 . 中文版 3ds max 2011 完全自学手册 [M]. 北京：北京希望电子出版社，2011.

[9] 苗玉敏 . 3ds Max 2011 中文版从入门到精通 [M]. 北京：电子工业出版社，2011.

[10] 张凡 . 3ds Max 2011 中文版应用教程 [M]. 北京：中国铁道出版社，2011.

[11] 谈洁 . 3ds Max 2011 中文版标准教程 [M]. 北京：中国青年出版社，2013.

[12] 祁焱华 . 3ds Max 2011 中文版从入门到精通 [M]. 北京：中国青年出版社，2011.

[13] 高传雨 . 中文版 3ds Max 2011 基础与应用高级案例教程 [M]. 北京：航空工业出版社，2015.